PROFESSIONAL ENGINEER

현장경험정리
모식도+제원

21세기 토목시공기술사

시공사례모음집

신경수 · 김재권

Right Engineering Approach & Judgment

www.seoulpe.com
서울기술사학원

예문사

머리말

기술사 시험의 응시자격은 일정기간 동안 기술자 개인이 관련업계에서 경험한 실무경력을 필수적으로 요구합니다.

이러한 시험의 성격을 이해한다면 기술사 시험문제에 대한 출제자의 의도와 채점자의 기준이 단편적인 이론지식뿐 아니라 현장에 바탕을 둔 경험을 매우 중시하고 있다는 사실을 알 수 있습니다.

모든 시험이 그렇듯이 기술사 시험합격을 위해서는 올바른 학습방향과 방법은 물론이고 좋은 교재의 선택이 필수입니다.

많은 기술자들에게 사랑을 받아왔던 "21세기 토목시공기술사" 시리즈가 [본서], [기출문제], [용어정의], [차별화아이템], [강의노트], [핵심문제 및 답안 Clinic]에 이어 현장경험을 좀 더 체계적으로 정리한 [시공사례]를 발간하게 되었습니다.

일상생활에서 "생각"과 "실천"의 결합이 중요한 것처럼 건설분야에서의 "이론"과 "경험"의 결합은 기술발전의 원동력이 됨은 물론이고 특히 기술사 시험에서는 매우 의미있는 "결과"를 가져올 것입니다.

본 교재 "21세기 토목시공기술사 – 시공사례"에서는 공종별로 현장에서 발생하는 문제점중 기술사 시험과 관련성이 높은 문제들을 선별하고, 각 문제에 대한 원인 및 대책을 기본적으로 제시하였습니다. 더불어 현장에 대한 이해도를 높이기 위해 많은 모식도와 이에 따른 제원을 함께 나타냈습니다.

PREFACE

물론 현장에서 발생한 문제의 해결과정을 구체적으로 원하시는 분들의 입장에서는 아쉬운 점이 많겠지만 기술사 수험서적의 특성상 시험을 준비하는 분들의 답안작성에 실질적인 도움이 될 수 있도록 본 교재의 편집 방향을 설정하였습니다.

기술사 시험은 무조건 많은 시간을 투자하고, 많은 내용을 암기한다고 해서 좋은 결과를 얻을 수는 없습니다. 기술사 시험합격은 경험을 무시하고 책을 이론적으로 암기하는 물리적 시간이 아닌 이론과 경험의 조화 속에서 답안을 완성해 나가는 논리적 시간에 의존합니다.

본 교재를 준비하면서 도움을 주신 분들이 많지만, 토목시공기술사 강의의 영원한 동지이자 동반자인 김재권 교수의 노고에 깊은 감사를 드립니다. 또한 서울기술사학원의 가족으로 끝없는 사랑을 보내주시는 조의제 선배님, 김창복 선배님, 김재봉 선배님과 무한애정을 보내주시는 김태섭 선배님, 여용철 선배님께 깊은 감사를 드립니다. 아울러 동고동락하는 조준호 박사와 학원 가족들에게 큰 고마움을 전합니다. 또한 본서의 출간을 흔쾌히 맡아주신 예문사 정용수 사장님께 깊은 감사를 드립니다.

2013. 03
대표저자 신 경 수

Part 1

제3장　특수콘크리트

제4장　강재

제7장 건설기계

제8장 연약지반

제9장 막이구조물

제10장 기초

Part 2

제1장 포장

제4장 댐

www.seoulpe.com
서울기술사학원
02-774-7483
www.seoulpe.com

🔖 21세기 토목시공기술사

Part 1

Professional Engineer Civil Engineering Execution

기중 BOX구조물 콘크리트 타설장면

골재의 조립율 개선 사례

(이유 = 조립율은 만족하나 입도가 균등하여 불량)

Ⅶ. 반드시, 조립율 & 입도 곡선을 고려

8. 부순골재의 경우 골재의 실적율 (55%이상) 동시 고려

Ⅷ. 골재의 조립율 개선위한 현장 사례 (통과 중량 백분율 (%))

1. 공사명 : 협암도 해상수면 매립공사

2. 문제점 : 잔골재 조립율 불량(1.9~2.1)
   → 배합설계시 : 2.?, -시방서 : 2.3~3.1

3. 원인 : 저질 잔골재 수입반입 따른 품질형상

4. 대책 : 1) 배합변경 → 부순모래 : 해사 = 70:30 → 조립율 : 2.75
   2) 2종 제사가 가능한 crusher 도입으로 입도분양 문제 개선

"끝"

혼화제 과다투입 사례

Ⅴ. 공사현장 혼화제 사용 실패사례 및 교훈
  1. 공사개요
    가. 공사명 : 대구-부산간 고속도로 00공구
    나. 공사기간 : '01. 2 ~ '06. 2
    다. 구조물명 : 터널라이닝 (2차로)
  2. 실태내용
    가. 원인 : 투입장치 오작동에 의한 혼화제 과다투입
    나. 결과 : 라이닝 콘크리트 1개층 비경화
    다. 처리내용 : 당해 span 라이닝 콘크리트 철거 후
                재시공
    라. 원인규명결과 : 혼화제 주입구 개폐밸브 틈에
              이물질 흡입 → 개폐 불완전 → 혼화제 계속투입

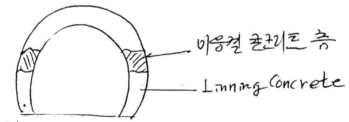

            ─── 비응결 콘크리트 층
            ─── Linning Concrete

  3. 교훈
    가. 혼화제 투입장치 수시점검 필요
    나. 혼화제 농도, 품질 간이시험 필수 "끝"

혼화재료 사용 잘못으로 인한 실패 사례

Ⅷ. 향후 혼화재료와 발전방향

  1. 고강도 콘크리트 분야에서의 혼화재료 활용 증대

  2. 콘크리트 내구수명 증대

  3. 콘크리트 시공성 개선

  4. 위지재료용 콘크리트 성능 개선

Ⅸ. <u>혼화재료 사용 잘못으로 인한 실패 시공 사례</u>

  1. 공사개요 : 중앙고속도로 3공구 시공, 1996

  2. 문제점 및 원인 : <u>유동화제 사용으로 인한 흡입 증가 부분</u>

    시공 미반영으로 인한 <u>거푸집 부풀으로 인한 면 형태 불량</u>

  3. 대책 및 개선방향 :

    거푸집 즉시 탈형후 콘크리트 치밍후 면처리

    유동화제 사용시 거푸집 가설 성격 검토 강화 "끝"

혼화재료 사용 사례

Ⅱ. 혼화재료 선정시 고려사항.

1) 시공조건 : 공사기간, 공사비, 혼화재료 수급여건

2) 구조물조건 : 구조물 형식, 규모, 부재두께, 향후 사용조건

3) 환경조건 : 시공시, 공용시 기온, 강우, 강풍

Ⅲ. 혼화재료 사용시 주의사항

1) 시방에 따른 용량, 용도 준수.

2) 깨끗한 물에 희석하여 충분히 교반시켜 사용.

3) Con'c 성질에 미치는 영향 검토.

4) 수질오염주의   5) 계절별 효과 검토필요함.

Ⅲ. 혼화재료 사용에 대한 경험사례.

1) 공사명 : 인도 (아무나) 사장교 공사 현장.

2) 공사기간 : 2000.1~ 영연 2004. 이월.

3) 구조물 : 우물통 (Double D type) 10 x 20m x 40m height

4) 문제점 :

   a) 인접공구의 레미콘 수급사정으로 잔여 레미콘 되기 생산 출하시킴.

   b) 밖어트럭의 대기시간 지연으로 slump 저하 (50mm) 발생.

   c) 타설시 Con'c pump 폐색.

5) 해결책 및 교훈

   a) 해결책 : 유동화제를 첨가하여 교반후 타설 시공함.

   b) 교훈 : 시방규정에 의거한 배합및 교반 시간 준수해야 함. -끝-

혼화재 투입시기 현장 사례

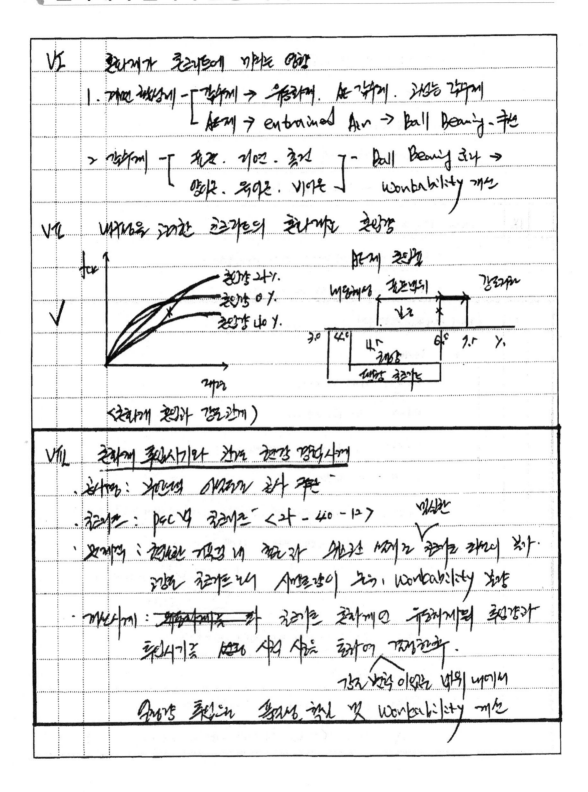

혼화제 변질 사례

			3. 환경조건 및 기온 계절 강우등을 고려
	VIII.		혼화제료 사용시 주의사항
			1. KSF 합격품사용
			2. 매뉴얼에 의한 저장·점검사용
			3. AE제나 Fly Ash 혼합사용시 합성에주의.
	IX.		혼화재료 보관시 주의사항
			1. 혼화재 : 습기에 대단히 취약하므로 밀봉후나 창고등에 보관
			2. 혼화제 : 액상의 혼화제는 변질, 동결, 분리함에 주의.
	X.		혼화제 사용에 따른 시공성예사례. *good !*
			● 1. 공사개요
			1) 공사명 : 경부고속철도 2공구
			2) 공사기간 : 1998. 8. ~ 2002. 8
			3) 주요공종 : PC BOX 고가 및 NATM Tunnel
			2. 시공중 발생한 문제점 및 원인
			1) 문제점 : 고강도 콘크리트(400kg/㎠)인 PC BOX고가 SLAB 콘크리트 타설시 고성능감수제를 사용하여
			시공하였으나 일정시간 경과후(2시간) 에도 경화되지 않음.
			2) 원인 : 고성능감수제의 변질로 정상적 경화되어 분산되지 않고 문제성
			3. 대책 및 문제사례 교훈
			1) 대책 : 해당부간 SLAB Concrete (40m×13.5m) 철거후 재시공.
			2) 교훈 : 혼화재료 사용시 입고전 검사 철저및 보관·사용전 점검 철저 "끝"

AE제 과다 사용 사례

3. 계면활성 작용 : Workability

4. Cushion 작용 : 동결융해, A말단, 내구성

VII 혼화제 사용시 주의사항.

1. KS 합격품사용   2. 용도 용량조사   3. 충분교반

VIII 현장 책임기술자로서 AE제 사용실패, 보완 사례

1. 공사명 : 경부고속 철도 8-2 공구

2. 사용구조물 : 교각기초

압축강도 미달

3. 문제점, 원인 : 동결융해 방지 위해 AE제 과다사용 (10%)

4. 대책 : AE제 사용량 줄임 (6%), 보완책으로
단면양생에서 급속 양생으로 양생 보완

배합설계 사례

VII. 시방배합표 작성 예

강도	굵은골재 최대치수	슬럼프 또는 슬럼프플로	공기량 범위	물-시멘트비 W/C	잔골재율 S/a	단위량 (kg/m³)				
(MPa)	(mm)	(cm)	(%)	(%)	(%)	물 (W)	시멘트 (C)	잔골재 S	굵은골재 G	혼화재 (g/m³)
40	19	8±2.5	4±0.5	60	45	150	380	550	950	90

VIII. 배합설계시 주의사항 (현장경험 위주)

1. 시방배합을 현장배합으로 변경시 배합책임자 입회하시 → 주로 B/P Operator 의견영

 └ 기상급변지역, 잔골재 대량적치환경들의 경우 습도, 골재 채취강도에 따나 1일 3~4회 변화상황반영

2. 혼화재료 사용시 혼화제 제조업체과의 축천사용량을 확인준수 → 혼화제 과대변량으로 품질 신뢰성확보.
 └ 축천사용량을 뒤한 배력합격과 현장관리가 상이.

3. 골재원 변경 사항등 발생시 신축한 대처
 └ 서해 해모토 근묘 난관 소금씨 여러지역 에서 특히시 주의요망.

ⓧ **배합설계**

IX. 배합설계 경진대회 참여사례.

1. 공사명: 아산~장화간 1차도로 건설공사 (제2공구)

2. 공사기간: 2001. 11.27 ~ 2006. 12. 31

3. 참여사례: '04. 11. 8 한국도로공사 주최 배합설계 경진대회참석

4. 실시목적: 현장 배합설계 참여자의 숙련도 향상 와 이론적 능력배양 기회 제공.

5. 대회사항: 유정된 콘크리트의 공기량 준수를 위한 AE제 사용량 조정 문이.

6. 사유 : ① 혼화제 제조업체의 공기량을 위한 축천사용량은 현장여건과 상이하여 AE제의
 품질에 대한 신뢰성 부족(이건실명)
 ② 혼화제 사용서 품질관리에 대한 실감성 절실성요구됨.

7. 그론 : AE제를 포함한 혼화재료 사용서 현장참여기술자의 연석의 중요성 (품질관리)

"끝"

잔골재율(s/a) 불량 사례

VI	잔골재율(S/a) 발량기준.	※ 2경증상제 사용 S/a
	1. Slump = 80mm	= 일반 사례 사용 W/A (1~2차)
	2. 공기량 = 보통. w/c = 55%.	
	3. 조립율 (F.M) = 2.8.	

VII 잔골재율(S/a) 불량으로 인한 구조물 관연사례 (납라.강도 타저성)

  1. 대상명: 남서현교 Pier - 2. 3. 4.

원인 ┬ 불량골재 사용
     ├ 부순골재의 미립도
     └ 잔골재율 46~48%

합박리균열 발생

방향균열

2. 대책 ─┬ (4) 균라배합 조정 : S/a 약 4~2% 유리
         └ (나) 품부 부순골재 사용금리.

3. 보수 – 구라물 보수 빛나 비용 [0.43 억원]

VIII	잔골재율(S/a) 품질확보 방안.

  1. 혼수몰관리 - 재생골재. 부순골재 미사용.

  2. 아요료관리 - 수리빛 반사시험. 조기량 check

  3. 손까나 맛반 - 분리망.차양망 분리. 세척장치. 이물질제거

IX.	맺음말

  1. S/a (잔골재율) 불량따라도 진골재 복축기 대한 부순골재 사용입.

  2. 재생 부순골재 사용이 증가된다 - 화도재료 되는

  3. 재생산재에 대한 품질기준의 신뢰성 까고 서로 "끝"

증기 양생 사례

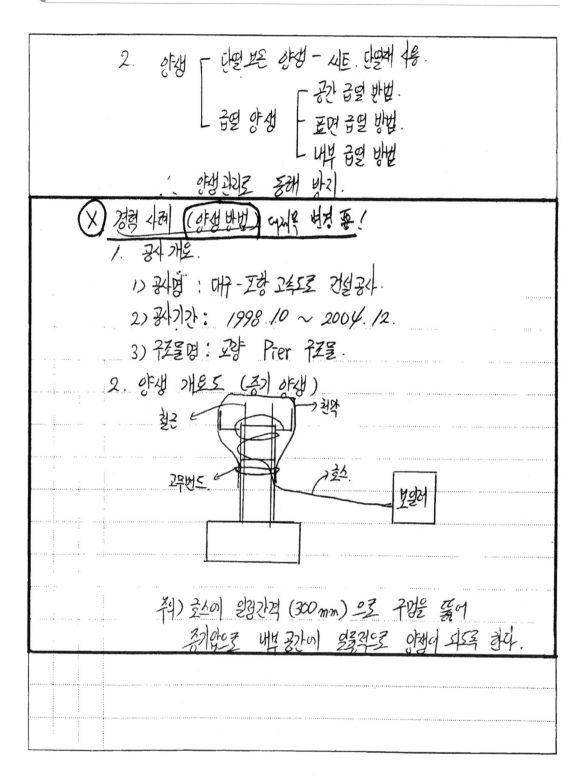

2. 양생 ┌ 단열 보온 양생 - 씨트. 단열재 사용.
        │
        └ 급열 양생 ┌ 공간 급열 방법.
                    ├ 표면 급열 방법.
                    └ 내부 급열 방법

∴ 양생관리로 동해 방지.

Ⓧ 경력 사례 (양생방법) 다시 변경 좋!

1. 공사 개요.

1) 공사명 : 대구-포항 고속도로 건설공사.

2) 공사기간 : 1998. 10 ~ 2004. 12.

3) 구조물명 : 교량 Pier 구조물.

2. 양생 개료도 (증기 양생)

철근 ← → 천막

고무번드 ← → 호스

보일러

주) 호스에 일정간격 (300mm) 으로 구멍을 뚫어
증기압으로 내부 공간이 열특적으로 양생이 되도록 한다.

🔖 동절기 양생 잘못으로 인한 균열발생 사례

2. AE제 효과

1) Ball Bearing 효과 → W/c 저하

2) Cushion 효과 - 공기량계 저항성 증대

Ⅶ. 3. AE제 사용 = 동절기 콘크리트 사용시 유의사항

1. AE제 적정량 사용

45%   6.5%

내동해성 ←   → 콘크리 : 강도강도

2. 적정온도 : 계량오차 3% 이내

3. AE제가 Flyash와 사용시 A흡착

4. 라라시 기포 단력

Ⅷ. 동절시 콘크리트 시공시 양생 불충분으로 잘못으로 인한 균열발생 사

1. 개요 : 1991. 부산공단 재건축시

2. 문제점 원인 : 동절시 시공시 온도 하락을 위해 얼음기 사

및 수화효과 장치 설치 → 얼음기 눈 막(2~3개내)

con's 균열 다수 발생 -

원인 : 얼음기로 인한 수분 공급 불량으로 취중한 수분 공급

3. 대책 및 교훈

1) 얼음기로 인한 균열 발생우 (약 4~5 ㎟) 표면 제거

2) 동절기 시공시 얼음기 사용 중지

3) 양생 장비 동원 대기

1끝°

Cold Joint 사례

품질관리사례

Ⅱ. 레미콘 운반시 중점 관리사항.

〈제조과정〉 $CaCO_3 \xrightarrow{900^\circ C \sim 1200^\circ C} CaO + CO_2$

〈수화반응〉 $CaO + H_2O \longrightarrow Ca(OH)_2 + 1$천 cal/g

1. 운반시간 준수 (25℃ 초과 1.5hr 이내)

   ⇒ 비준수시 수화반응 진행, slump 저하 : 반송처리.

2. 운반경로 확인 및 통제

   ⇒ 민원예방 (운반로 점검등 예방)

3. 레미콘 송장 확인 철저.(치량번호등)

4. 품질기준 미달시 반송 (재 반입 금지)

Ⅲ. 낙동하천 배수펌프장 레미콘 운송로 미확보에 따른 실패사례
1. 공사개요 : 2004. 3 ~ 2004. 7.
2. 콘크리트 물량 : 약 1,500 m³ (레미콘 250 대)
3. 문제점 : 배수펌프장 바닥 타설 중 (약 500 m³, 80대)
운송로 점거 (민원인) ⇒ 공용기.
4. 대책 : 1) Cold Joint 부 chipping 및 mortar 실
2) 민원인과 협의 및 보상
5. 교훈 : 1) 운송로 확보 (예비 방안 수립)
2) 민원 예방 철저.

Ⅳ. 맺음말.

1. 레미콘 반입시 품질관리 철저로 기존 미달 레미콘은
   반송 처리 하여야 하며 재반입 금지해야 함 (운송장 확인)

2. 향후 레미콘 품질관리 자동화 system 구축 필요   '끝'

신축이음부 균열 사례

2. 일반적 문제점 : 누수. 미관. 주행성능 저하....

X. Conc 균열 안의 문제점에 대한 대책.

1. 재료 대책.

1) 수밀 균열에 대하여 또는 누수 예상시 지수판 (Water Stop) 사용.

2) 콘크리트 표면 방수 (도막. 도포. sheet 방수)

3) 지수 판의 종류

　① 합성수지계　② 동　③ Stainless　④ 팽창고무계　⑤ Bentonite계.

2. 응력 집중에 대한 대책

1) 타설시 다짐 시공 철저.

2) 지수판 설치시 Wire Mesh 병행 사용.

3) 한계 부위 Epoxy 주입 시공.

XI. 현장 시공 사례. 대책은 무엇인가 설명하라. **신축이음**

1. 현장 명 : 인천 북항 관세청 투기장 축조공사 (1997. 8. ~ 2000. 12)

2. 현장 시공시 문제 발생 사례.

1) 지반도 투기장 호안 쌓았을 상치 Conc 타설 (T=50cm 정도 Conc 판구조)시 철판 상은 외부 쌓 이음부 함판을 타설후 기위 넘기식 시공.

2) 완전한 절연이 되지 않아 이음부의 균열 및 단차 현상 발생.

3. 문제 더 해결.

1) Conc 타설전 신축 이음에는 개쌓건이 완전 고정.

2) Conc 타설 방법 변경

　변경전 → 레미콘 직접 타설. 변경후 → 고압식 Pump + 진동식.

3) 기타는 부분 완전 절단 후 Joint Sealant 주입.　"끝"

수축이음 시공 사례

(4) 단면변화율 ┌ 일반 Conc : 20% 이상
              └ Mass Conc : 20~3%에 이하.

단면변화율 $= \dfrac{d_1 + d_2}{D} \times 100\%$

3. 샤이독 - 면변부 Chipping후 라바리도포 → 신축성백시트.

Ⅵ 콘크리트 구조물 수축이음 시공사례

1. 공사개요 : 최안터널간 고속도로 확장. Box구조물(9.0×45m)

2. 시공방법 (단면변화 28~30%)

├─── 6m ───→┤ 〈 카타기 (30cm)

○ ─∅·─ ○ ← pvc pipe (50mm)

3. 효과
   균열유도 → 균열점 제거가 균열시공에 도리면

Ⅶ 맺음말

1. 콘크리트 구조물 수축이음 균열시의 내부의 리가를 방지하고
   내수성향을 억제시키거나 억제를 하므로 선기시공시 주의해야 함께

2. 특히 온도차가 심한 리콘리트 하면면도 (수축량)하는 하지키고
   신축이음부의 처리를 정통해 시멘션면리사용. 사만이,

🖊 피복두께 부족에 따른 균열 사례

⑤ 경부고속 철도 5-1 공구 구조물 안전점검 (WJE) 사례

청근피복

1. 공사개도 : 경부고속 철도 5-1공구 건선공사. 교량. 터널. 토승 Box구조물

2. ~~안전점검~~ 안전점검기간 ; 1995. 7 ~ 1995. 10.

3. 구조물 안전점검시 PSC 교량 점검시 문제점

   1) 교각 ; 피복두께 부족 (부분타이 및 철근담당기 사용)

   콘크리트 내부 균열 반생 (TR-3G. 사용)

4. 구조물 안전 점검후 보수 보강 대책

   ┌ 피복두께 부족 구간 ┌ 표면 에 CO_2 방호막 도포 (2회)
   │   └ 철근부위 까지 chipping 후 → 덧씌우기
   └ 콘크리트 내부 균열 → drilling후 EPOXI 주입.

5. 구조물 안전점검후 향후 개선 방향

   ┌ 콘크리트 구조물 다선전 기준집 정밀상 및 피복두께 확보.
   │ (해양 100mm, 지중 80mm)
   └ 콘크리트 내부균열 → 반생만나 관리. 끝.

경부고속 철도 연제교 피복부족에 따른 보강 사례

⑤ 경부고속 철도 5어 공구 구조물 안전점검 (WJE) 사례

철근피복

1. 공사개도 : 경부속 철도 5어 승구 건선송사. 교량, 터널, 토승 Box구조물

2. ~~안~~ 안전점검기간 : 1995. 7 ~ 1995. 10

3. 구조물 안전점검시 PSC 교량 점검시 문제점

   1) 교각 : <u>피복두께 부족</u> (부분타리 및 철근탐방기사용)

      콘크리트 내부 균열 발생 (TR-3LL. 사용)

4. 구조물 안전 점검후 보수 보강대책

   ┌ 피복두께 부족 구간 ┬ 표면에 CO_2 방호막 도포 (2회)

   │   └ 철근부시 까지 chpping후 → 덧씌우기

   └ 콘크리트 내부 균열 → drilling후 EP어서 주입.

5. 구조물 안전점검후 향후 개선 방향

   ┌ 콘크리트 구조물 타선때 기두집 정밀시공 및 피복두께 확보.

   │   (해양 100mm. 지중 80mm)

   └ 콘크리트 내부 균열 → 방생관리 천리.   끝

www.seoulpe.com
서울기술사학원
02-774-7480
www.seoulpe.com

21세기 토목시공기술사

Part 1

Professional Engineer Civil Engineering Execution

콘크리트 타설현장

건조수축 방지 개선 사례

Ⅶ	콘크리트 건조수축 방지를 위한 설계시 대책	
	1. 신축줄눈 설계	
	2. 내부지속 (CD_T) > 한계지속 (∂_T) → 내부인장파괴	
	3. W/B 1000 감소	
Ⅷ	콘크리트 건조수축 방지를 시공기술사례	
	1. 현장명 : 평택항 컨테이너부두 현장(11씨싱) - 안벽구조	
	2. 문제점 : 건조수축으로 인한 내구성 저하	
	3. 원인 : 균열발생 건조수축 (채취시 분석 - 응답도 3.2%)	
	4. 대책 : Slag cm2 사용.	

	5. 사용전 양생피복이 0.5이상 되게 → 응답비/감소 → 내구성향상	
Ⅸ	맺음말	
	1. 건조수축 방지를 위한 대책으로 설계시·시공시 대책이 있다	
	2. 콘크리트는 건설산업에 방대히 침투되어 시멘 시공후 크랙 건조수축에 대한 영향 사례의 확인후 대책 수립 요원 시급	

🐾 골재 품질관리 사례

Ⓘ 천안논산간 고속도로 4공구 현장의 품질관리 사례 (레미콘)

　1. 자중산우장치 설치
　　(순대 보반강도)

　2. Concrete 사진고 → 러시아워시차단 → 보르필터 설치.

　3. 레미콘 품질관리 엄격적용
　　→ 온경과연도제한 (타지이) A등성동제사용.

Ⅵ 맺음말.

　1. 레미콘 품질관리로 가장중요한 것은 레미콘 공장의 근무를 통한 사용재료의 품질관리가 중요이며.

　2. 관리의 연건라는 중앙 배합비의 리나나 가져야만 관리받아여 현장이 요의 기온, 내구성, 즐밀성, 경제성으로 성능이 발성되도록라.
　　　　　　　　　　　　　　　　　　 시옹Y

콘크리트 타설 개선사례

Ⅵ. 김포철강교 종단 배수관성4억 균열단생 최소화를 위한 타인개선事例

74.5M ① ②③ ④ ⇐ ⟨종근배수관 구고모임따도⟩

1. 개요 내용   ┌─────────┐   ┌──────────┐
                 │ 얼계   │ ⇨ │ 변경   │
                 │ 연체액라인 │   │ 응력 분근 │
                 └─────────┘   │ 상승   │
                                   └──────────┘

※ 효과 : Crack단생율
                최소화
(약 1.2개 도시막)

Ⅶ. 콘크리트구조물의 결력前 균열 발생을 위한 책임기술자의 개선

  1. 기술적 개선
     1) 콘크리트의 생산 및 현장과정서 각공정의 결변의 개선
     2) 기능공의 의식수준 향상 교육

  2. 관리적 개선
     1) 라가 하자를 시공에 대해 부실시공 방지를 위해

⟨끝⟩

Pumpability 개선사례

문 1) Pumpability 에 대해

답)

I. Pumpability 의 정의

콘크리트 타설시 Pumping 이 가능한 정도로
최대압송부하는 Pump 최대 토출부하의 80% 이하로 한다.

II. Pumpability 의 측정 및 최대 압송부하

1. 측정
   [가압 Bleeding test,
     변형성 시험

2. 최대 압송부하 | $P_{max} \leq 0.8 \times$ Pump의 최대 토출부하 |

III. Pumpability 감소가 콘크리트에 미치는 영향 (악영향)

| Pumpability 감소 | → | Pump 폐색 | → | Cold Joint 발생 | → | 내구성저하 |

IV. Pumpability 에 영향을 주는 요인 (지배요인)

| 재료 | | 시공 | | 장비 |

Gmax / 운반속도 / Pump직경

시멘트분말도 / 배치 / 토출량

W/C / S/a / 온도 / 위치

| 배합 | | 타설조건 |

| Pumpability |

※ 성공의 경험! !

V. 하동화력 취수펌프 구조물 Pumpability 개선 사례

1. 타설 조건 : | 타설량 - 180m³/hr, 높이 - 25m |

2. Pumpability 개선 사례
   ┌ 재료 : Pumpability 개선을 위해 혼화재 사용 (Fly ash 30%)
   ├ 배합 : S/a를 시방이 허용하는 한 최소값 적용
   └ 시공 : Gmax 25mm로 Pump직경 100mm 사용   〈끝〉

콘크리트 건조수축 방지를 위한 시공 개선사례

Ⅶ 콘크리트 건조수축 방지를 위한 설계시 대책
   (세미 대책)
   1. 콘크리트 양생
   2. 배출지속(D_T) > 환경지속(0_T) → 배출지열관리서
   3. W/B 최소화 ← 최소

Ⅷ 콘크리트 건조수축 방지를 위한 시공개선사례
   1. 현장명 : 평택항 진동부두 현장(1차선) - 안벽구조물
   2. 문제점 : 건조수축으로 인한 내구성 저하
   3. 원인 : 극심한 건조수축 (재령의 변경 - 습도 3.2%)
   4. 대책 : Slag con'c 사용

   5. 사용전 습식보양이 0.5한달 간 → 습식보양/감소 → (100감소)

Ⅸ 맺음말
   1. 건조수축 방지를 위한 대책으로 설계시·시공시 대책이 있다
   2. 효율적으로 배합설계의 방안의 진토하여 시멘시공으로 건조수축에 대한 영향 사례의 확인후 대책 방안 되었다 사료됨

중성화 방지 사례

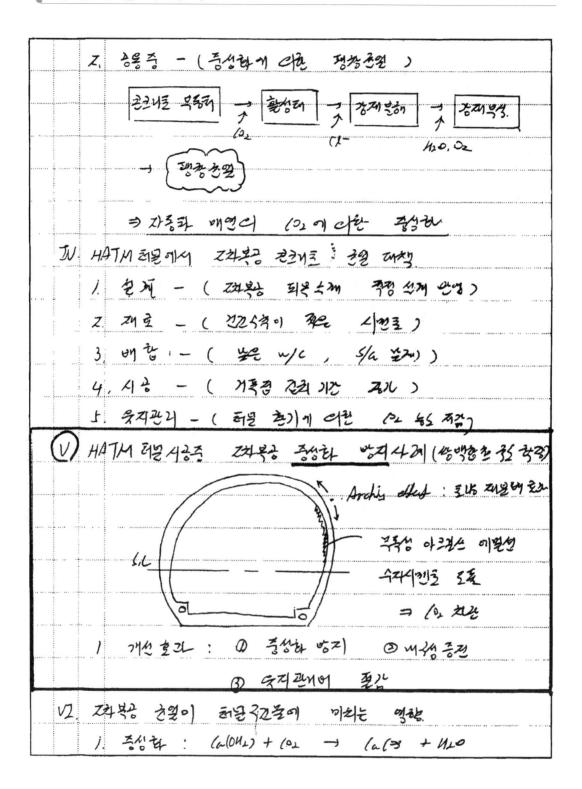

Ⅰ. 응용층 - (중성화에 다른 정층존연)

콘크리트 목동타 → 활성타 → 강재 부해 → 강재부식

→ 정층존연

⇒ 자중화 매연이 CO_2 에 다른 정성타

Ⅳ. HATM 터널에서 2차복공 콘크리트 : 친연 대책

1. 설계 - (2차복공 피온 속재 측정 설계 반영)

2. 재료 - (건조수축이 적은 시멘트)

3. 배합 - (높은 w/c , S/a 역제)

4. 시공 - (거푸집 관리 기간 증가)

5. 유지관리 - (터널 환기에 다른 CO_2 농도 저감)

Ⅴ. HATM 터널시공중 2차복공 중성화 방지사례 (쌍백향초 공공 측정)

Arching ohket : 토압 재분배 효과

국록성 아크업스 이번선

수직시멘트 토호

⇒ CO_2 치산

1. 개선 효과 : ① 중성화 방지 ② 내구성 증진

③ 유지관리어 절감

Ⅵ. 2차복공 친연이 터널 굴간물에 미치는 영향.

1. 중성화 : $Ca(OH)_2 + CO_2 → CaCO_3 + H_2O$

해양구조물 내염 보수공법 시공 사례

[해양구조물 내염 보수공법 시공사례(事例)]

I. 工事槪要

1. 공사기간 : 2003. 5. 10 ~ 2003. 12. 5

2. 구간연장 : 영동고속도 3.67km 지점 소래교 (L=장대교, B=31m)

3. 용용기간 : 10년 (영시계측)

4. 규격사양 : 피복량 5mm 설계fck=24MPa, W/C=42%, 시멘트량 4지역 m³

상사해누흥.

<연해 + 해양(R) 5등 team>

열화과정	특징	콘크리누 공면
잠복기	부식인자침계농도(1점)	예방수면-표면처리
진전기	부식균열반생	표면처리 저치방식
가속기	수성속도증대	초기: 단면복구.무기. 단면수목
열화기.	내하력저하	5RP진착. 티복계이복.

II. 라사양법 및 결과 (염해에 의한 손상)

1. 라사양법 ┌ Con - Core 채취
            └ 천공 - 광화 항상노등 기초저측

2. 라사결과 ┌ 형해 채누중 규격R, P2 → 천조박S 암계염공도 1.2g/m³ 초라
            └ ┈ ┈ 이상노스 경과 ┈ → 이호라.

내염 대책 적용 사례

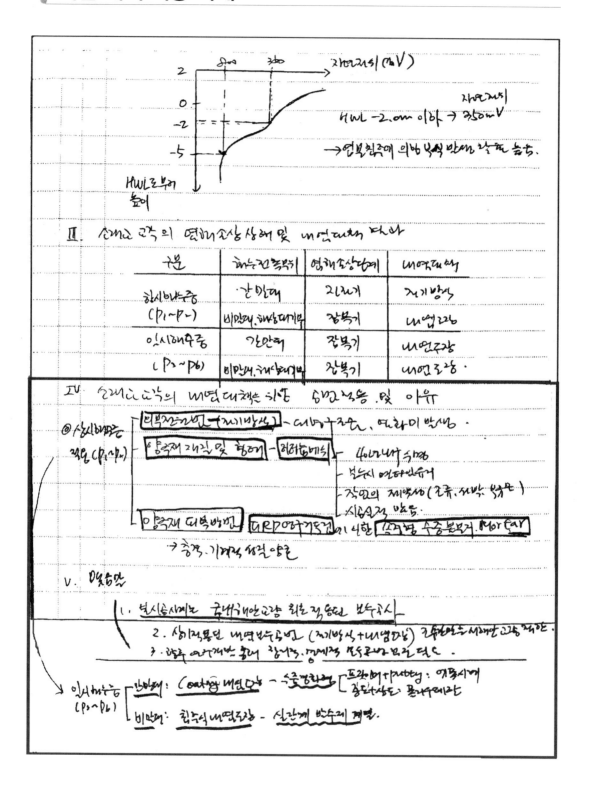

표면결함 발생 사례

VI 대리당기 고속도로 기둥구 신영대교 보수 보강 사례 (표면결함)

1. 현황개요 (2003.1 ~ 2008.12)

(1) 구조본개요 : 신영대교 (B지P교 L=590~)

2. 문제점 및 현황(현나)

(1) 문제점 - 슬래브 연지부 / 벽체 표면연마 반생

재료분리반생
(1.2m²)

이상이 표면변색 반생

Sandstreaky

(2) 원인 - W/C 과다. 후타인 부족함나.

3. 대책

(1) Cantilever대비 이형 그리영 재료거부 chipping

→ 보수속 Mortar 후민 → 마갑리.

(2) Sand sereky. → 표면처리 -

(3) 후연박 → 충전방법 (epoxy)

예:

putty
주입구
주방이탑
흡입방수공

(4) 표면도막 나계인(완층해매)

콘크리트 상부구조본 (손상) 표면변박 획 본속방 획기 보수보강 되는 씨.

콘크리트 구조물 내구성 향상 VECP 적용사례

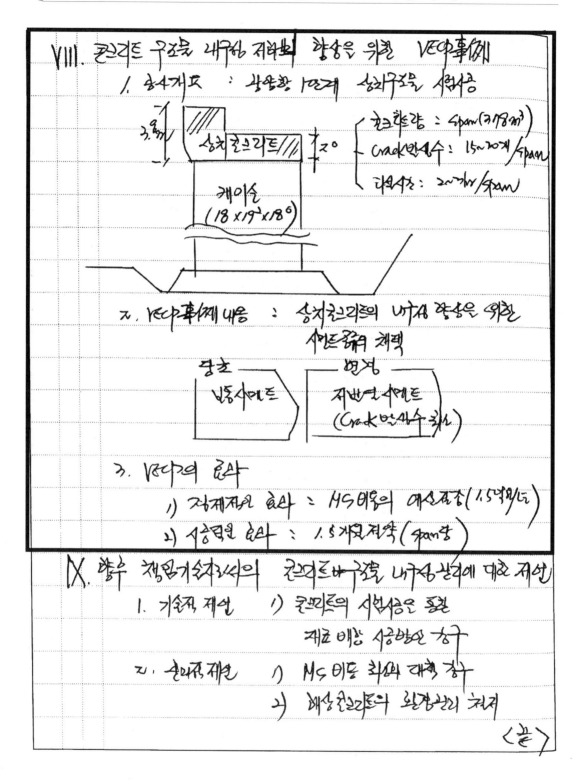

VIII. 콘크리트 구조물 내구성 저하의 향상을 위한 VECP 事例

　　1. 공사개요 : 항만방파제 상치구조물 시험시공

　　　상치콘크리트 //

　　　3.0m

　　　케이슨
　　　(18 × 19² × 18º)

　　　- 콘크리트량 : 4span (3,718㎥)
　　　- Crack발생수 : 15~20개/span
　　　- 타설수량 : 20개/span

　　2. VECP事例 내용 : 상치콘크리트의 내구성 향상을 위한
　　　　　　　　　　　　시멘트종류 채택

　　　당초　　　　　　　　　변경
　　　보통시멘트　　　　　　지반열시멘트
　　　　　　　　　　　　　　(Crack발생수 최소)

　　3. VECP의 효과

　　　1) 경제적인 효과 : MS비용의 예산절감 (1.5억원/년)

　　　2) 시공적인 효과 : 1.5개월 절약 (span당)

IX. 향후 책임기술자로서의 콘크리트구조물 내구성 분야에 대해 제언

　　1. 기술적 제언　　1) 콘크리트의 시험시공을 통한
　　　　　　　　　　　　재료 배합 시공방안 강구

　　2. 관리적 제언　　1) MS비용 최소화 대책 강구

　　　　　　　　　　　2) 대상 콘크리트의 환경관리 처리

　　　　　　　　　　　　　　　　　　　　　　〈끝〉

내구성 확보 방안 사례

2) 설계의 타당성 검토   4) 시공 사전 계획 추가

3) 문제 발생시 대책   5) 시공성 안전성 검토

8. 내구성 향상을 위한 <u>시공시</u> 대책

1) 재료 … 양질의 재료, 적절한 관리 재료

2) 장비 … 작업능력, 범용성   3) 가시설 및 시반

4) 시공순서   5) 품질확보 (이음부, 접합부, 다짐, 양생)

9. 내구성 확보를 위한 <u>시공관리시</u> 대책

1) 계측 관리 : 침하, 응력, 변형

2) 품질관리 : ISO 9000 (재료, 강도, 두께, 배합등)

3) 안전관리 : ISO /8000 (장비, 작업원의 안전확보등)

4) 환경관리 : ISO 14000 (공해방지 계획, 소음, 진동관리등)

10. 현장 관리자로서 내구성 확보 방안 사례

1) 내구성 확보를 위한 *Manage ment system*의 필요성

2) 구조물 개요 : 구조물 명칭 - 용수로 1박스교 (3.0×2.5 m, pier H=2.5m)

3) 문제점 : 구조물 특성상 통행기시 박스교내 잔존수로 인한 동결 용해 반복

⇒ 구조물의 외부로부터 유해한 환경의 노출/반복 ⇒ 이음부 콘크리트와의 누수 발생

⇒ 내부의 동해 (AS 팽창) ⇒ 팽창압 > 인장강도 ⇒ 균열, 박리, 취학작용발생

결빙시 발생 ⇒ 극심한 파손 발생 ⇒ 구조물 강도회복을 위한 재보수 필요

⇒ 비용 RISK의 발생

4) 대책

콘크리트 구조물 시험시공 사례

〈문제3〉 콘크리트 구조물 공사中 시공시(경화前)에 변형하는 균열의
유형외 대책에 대하여 기술하시오

〈答〉

I. 槪要

1. 콘크리트 구조물의 시공시 발생하는 균열에 대한 문제점은
내구성저하 및 LCC 비용증가등이 문제여

2. 반생하는 균열의 유형에는 시공수축외 침하하며 및
물리적인 원인에 의한 것이 있음

3. 균열의 대책에는 발지존수 요는 재료, 대한, 시공상의 방안등이
있으며 처리존수 요는 대책에는 적극적인 방법 및
시공적인 방법등에 의례 광양청 상차구조물 시범시공을 통해서 사멘트류검토

II. 광양청 상차구조물공사時 균열 반성 최소화를 위한 시범시공事例

1. 시범시공의 목적 : 수화열 균열를 위한 시멘트선정

2. 시범시공의 결과

종류	라반면 시멘트	포틀랜드 시멘트	2종 시멘트
Crack	7.7개소/span	9.2개소/span	15개소/span

3. 시범시공의 결과 : 라반면 시멘트 결과사용

4. 시범시공의 효과 : 1) LCC비용 최소화 → 균열최소화

박스 구조물 보수 보강 사례

Ⅶ	콘크리트 박스구조물 보강방법.
	1. 능력개선효과 有 (Active Method)
	→ Ps Anchor. 增厚
	2. 능력개선효과 無 (Passive Method)
	→ 단면·강판 압착
Ⅷ	콘크리트 박스 구조물 보수(보강) 사례 (반복박내간 원도 개선 조성)
	1. 수로 Box 구조물 (STA. 1+086)
	2. 현황 - 기초와 벽체 접속부 유해 균열 (~ Spalling 발생)
	[도식] 수로Box구조물 → Spalling(4개소) 벽체 slab 벽체 / 1.0m 간격으로 발생함
	3. 보수방법 - 0.2~0.5mm Epoxy 주입법, 0.5mm 이상 충전공법
	보강방법 - 단면 성능 보강 - 표면부
	4. 변동비 0.3억 보수기간 : 13일소요.
Ⅸ	콘크리트 박스구조물 내구성 향상대책
	1. 설계 : 내구설계. DT(배력철) > GT(강결절점)
	2. 재료 : 방청성있는 미재. 혼화재료사용재료
	3. 시공 : 다짐관리. 양생관리. 보수관리
	4. 유지관리 : 조사 → 원인분석 → 보수시행 → D/B
	끝.

구조물 균열 발생시 보수 · 보강 사례

Ⅷ 철근 콘크리트 구조물 표면 발생시 보강대책 (방용법)

   1. 보강공법의 분류

     (1) Active Method - 응력개선효과 有

     (2) Passive Method - 응력개선효과 無

   2. 보강공법 ⇒ [문제점도출선정시 (재료)] 有 누적.

구분	Active Method	Passive Method
목적	내하력 개선 (직접)	비하중개선 (간접)
방법	P.S. Anchor	설계손상. 형상보강 FRP 보강. 강판접착.
문제점	과다	상대적 적다

Ⅸ 철근 콘크리트 구조물 표면 발생시 보수보강 사례.

   1. 현장명: 울산. 국변과 국도 7호선 4차확장 (1996.12~2003/2)

   2. 구조물명: 본선 Slab 보수.

   3. 문제점 및 원인.

구분	문제점	원인
기능적	· 바닥판 연화	(아스콘강우대비. 방수부실 (연비)
경제적	· 바닥판보수비 증가	· 유지관리 부실

   4. 대책 (보수보강 방안)

     1. Slab 바닥판 침하 5cm 이상 → 포장덧씌우기

     2. 고압력 CO₂ 시험 ([침투]) → 아스콘 시공간 개량.

   ※ 결론.

     바닥판 CO₂의 과다라 된다.

열화로 인한 철근 부식 사례

3) 중성화·낙균 + 열화
  1. 공사명 : 운경 경천댐 배수통관 보수공사.
  2. 발주처 : 농업기반공사
  3. 공사기간 : 2000. 10 ~ 2001. 6.
  4. 문제점 : 열화현상 발생 및 철근부식 노출 → 녹물흐름
  5. 요 인 : 철근피복두께부족으로 팽창압발생 → 철근부식촉진
  6. 대 책 : MDF 공법으로 보수
  7. 보수방법 : 철근표면까지 Cutting → 고압청소 → 1차 Spray
             → 고압청소(3일후) 2차 Spray → 면마무리.
  8. 보수시기서 갈수기를 이용하여 물을 완전배수후 시공.
             → 영농기는 안됨 (물의 이용으로).

4) 한중 conc.
  1. 공사명 : 홍천 양덕원 - 남노일간 군도확 포장공사
  2. 발주처 : 홍천군청.
  3. 공사기간 : 1994. 3 ~ 1996. 3.
  4. 문제점 : L 형측구 200 m 동해발생.
  5. 요 인 : 콘크리트 타설후 보온조치 하였으나 야간기온급강하로
             동결. (콘크리트 오후 3시에 시작 5시에 종료)
  6. 교훈 : 강원도는 야간온도 급강하 하므로 콘크리트 타설시는
          오전에 완료하야 초기동해를 방지하고.
          보온조치를 허술하게 하면 틀림없 동해발생염두
          에 두어야 함.

콘크리트 구조물 복합열화 저감 시험시공 사례

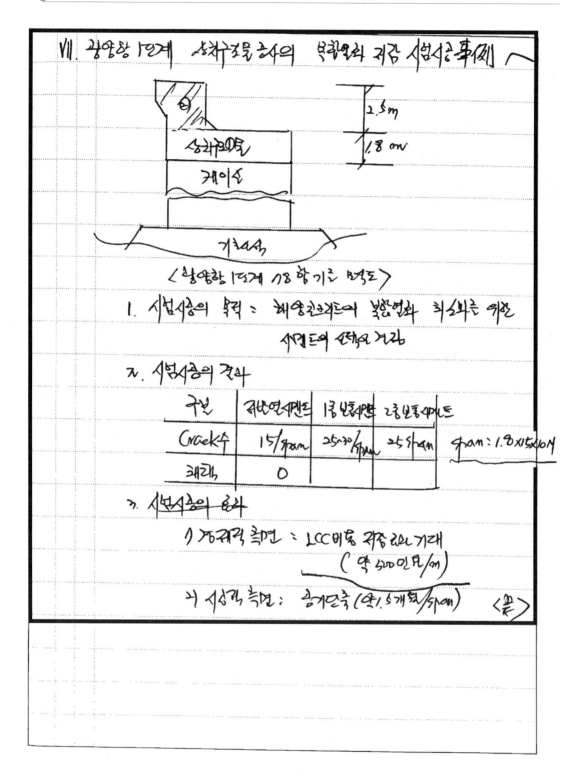

VII. 광양항 1단계 성차구조물 공사의 복합열화 저감 시범시공 事例

2.5m
1.8 m

성화구역
케이손

기초사석

〈광양항 1단계 18 항기초 평도〉

1. 시범시공의 목적 : 해양콘크리트의 복합열화 최소화를 위한 사면도의 선택과 거감

2. 시범시공의 결과

구분	재반염색펜트	1종 반응수면	2종 보통재한트	
Crack수	15/span	25~30/span	25/span	span: 1.8×15×10M
균열	O			

3. 시범시공의 효과

1) 경제적 측면 : LCC비용 감소 효과 기대
(약 500만원/m)

2) 시공성 측면 : 공기단축 (약 1.5개월/span) 〈끝〉

철근 Con'c 구조물 균열 보강 사례

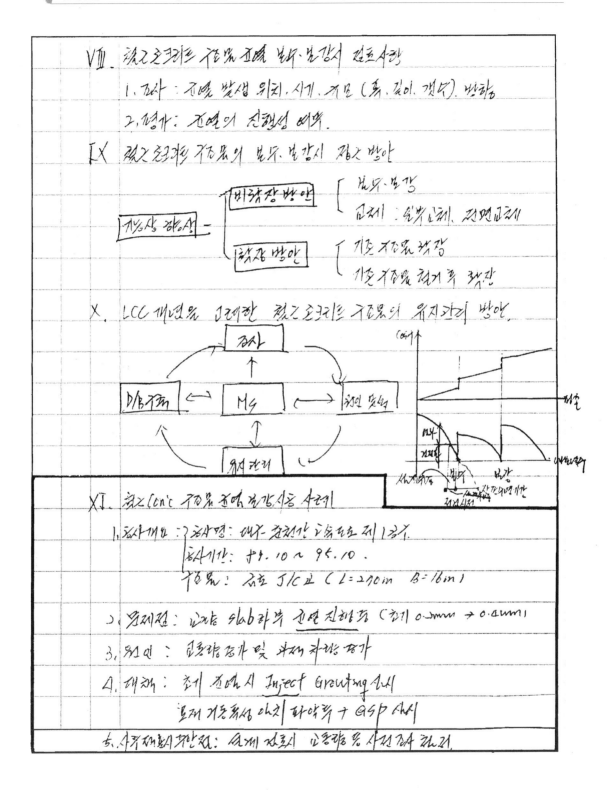

콘크리트 구조물의 균열 사례

4. 콘크리트 구조물의 균열 <del>현황</del> 사례   good,

  ① 공사 개요

      ― 공사명 : 부산 녹산 하수 처리장 건설공사.

      ― 공사기간 : 1997 ~ 2000

      ― 구조물 : 하수 송통수 BOX

  ② 문제점 및 원인

      ― 문제점 : 철근 배근 방향으로 <u>균열 발생</u>

      ― 원인 : 다짐불충분 및 양생 관리 미흡

  ③ 해결 방안 및 교훈

      ― 해결방안 : <u>균열의 크기에 따라 표면 처리 공법 및</u>

                   <u>충전공법 병행 실시</u>

      ― 교훈 : 철근에 의한 침하 균열 방지를 위해 충분한

                 다짐 실시 및 초기 양생 관리 철저.

                                 ― 끝 ―

균열부위 누수 보수 사례

VIII. 시공경험사례.

1. 공사개요
   ① 분당선5공 공동구 건설공사 (BOX 2.0 × 2.0 L= 500M)
   ② 공사기간 : 1992. 4 ~ 1993. 5.

2. 문제점 및 원인
   1) 문제점 : 공동구내 <u>균열부위를 통하여</u> 누수
   2) 원 인 : 시공상 견고보다는 <u>지중구조물</u> (온도변화 인한)
      인한 간안 신축이음 성각반것으로 추정됨.

3. 해결방안
   1) 외부방수 및 <u>조인트</u> 시공이 어려워 내부에 <u>주입공법</u>
      (Epoxy) 으로 공극 처리.
   2) 주입공법은 2~3 회 반복하여 누수현상 방지.

4. 교훈
   시공후 하자보수는 당초 시공비용및 노력에 수배 소요됨으로 같은
   시공전 철저한 시공계획 및 정밀시공관리가 매우 중요함.
   (특히 수밀을 요하는 구조물은 더 주의시공)   끝"

Box 구조물 날개벽 균열 사례

8. 균열의 보강방법

　1) 응력배분하는 방법 ─ Prestress에 의한 응력개선
　　(Active) ─ Grouting　　　　　　stress 저감.
　　　　　　　 └ Post Tensioning

　2) 응력 배분하지 않는 방법 ─ 단면증대
　　(Passive) ─ 단면유지 ─ 강판 ─ 접착 - 주입 접착
　　　　　　　　　　　　　　　　 └ 배치 - 단면 부착
　　　　　　　　　　　　 └ 타르성의 변경

9. 구조물의 허용균열폭

구분	건조상태	습윤상태
RC구조물	0.006t	0.005t
수밀용	0.1mm	0.2mm
해수처리용	0.13mm	0.13mm

10. 경험사례　good :

　1) 공사명 : Wadi Bay Project (Road and Irrigation) / 리비아

　2) 공사기간 : 2001. 1월 ~ 2004. 7월

　3) 문제점 : <u>Box 구조물 본체와 날개벽 동시 타설로</u>
　　날개벽에 응력집중하여 균열 발생

　4) 해결방안 : Box 본체 시공시 날개벽과의 이음부에
　　Dowel Bar 설치하고 날개벽 분리 타설
　　부등침하 막아서 균열 방지

　　　　　　　　　　　　　　　 — 끝 —

www.seoulpe.com
서울기술사학원
02-774-7480
www.seoulpe.com

21세기 토목시공기술사

Part 1

Professional Engineer Civil Engineering Execution

울진 원자력 발전소

정수장 수로 구조물 누수방지 사례

Ⅶ 정수장 수로구조물 누수방지는 위한 시공개선사례 (삼도정수처리장 조례) 2003.02.

목소로 MDF 경공
Concrete
방체(Concrete방지코팅만
시엽시방도 시공
工Cr= 1.2~1.5이상

1. 기존복 Massconcrete 치밀Concrete(28%)
   시용.
2. 약액라벨도나 Sealing Method 조합

균열부변형없
개보수 932A
⇩
개보량 5개이하(4개)

용리교보비용
치1:
3.5억보강

Ⅷ 맺음말

1. 정수장 수로구조물의 국부하나 박용은 누수방지를 위한 민신화Con
   파선이며 민신나용 위한 치밀리 치면박의책니 어덥

2. 삼도정수처리장은 기존국부연누수차단은 위해 MDF, 치면시멘트을
   사용어렴리며. 취지리 비용은 대폭줄여 육령비련감의 UR에게가링.

시계   시멘   입도   해변기
         배료

폭열피해 사례

① 운반 및 타설

[타설시 Con'c 온도 10~20°C 유지

[최고타설온도(T_1) = T_i - 0.15 (T_i - T_0)t

T_i : 콘크리트 생산온도
T_0 : 대기온도
t : 운반 및 타설시간

② 양생

[적정 양생온도 = 10°C 정도

[온도균열양생 실시

Ⅵ. 한중환경에서 적산온도에 의한 강도평가 방법 /

① 적산온도 M = 총(θ+A) $\triangle$t

θ : 양생온도(°C)
A = 10°C
$\triangle$t = 재령

② Plowman의 압축강도 추정식

P = a + b log ($M \times 10^{-3}$)

∴ P% × 설계강도 = 추정강도

Ⅶ. 한중 Con'c 시공시 정열양생중 화재에 의한 폭열피해 사례

1) 공사개요 : 2004. 12   Air Compressor 양성공사 기초구조물

2) 문제점 : 한중 Con'c 시공시 보온양생을 위해 적재시 Ramp 이용한

전열양생 실시 → 심야에 천막이 바람에 의해 Ramp와

접촉되면 → 과축적 및 천막의 화재발생 → Con'c 전면 폭열피해

3) 대책 및 교훈

① 폭열피해구간 제거후 재시공 조치

② 한중 Con'c 시공시 증기양생 실시

③ 양생관리 유의 관리자 상시대기

" 끝 "

매스콘크리트 온도균열 검토 사례

문제3) 매스콘크리트 시공에 있어서 온도응력을 제어하는 방법
에 대하여 가술하시오

답)

I. 머리말

1. 매스콘크리트 시공시 온도응력 제어방법으로는 pipe - cooling
이 있으며 pipe cooling 시 pipe 선정 및 통수온도에
주의해야 한다.

2. 온도응력 검토 방법에는 정법과 간이법이 있으며,

3. 동탄-수원 현장에 CONSA/HS에 의한 온도응력 검토
사례에 대하여 기술코 보한다.

○ ① II. 매스콘크리트 과설편 CONSA/HS에 의한 온도응력 검토

1. 현장명 : 동탄-수원 2공구.

2. 공종 : 원천기점고 외형

3. 내용

1) 해석 : CONSA/HS

2) 배합 : 시멘트량 (341 kg/m³)

고로 slag (14% 치환)   ⇒ 채석후 3일 [52일℃]까지

3) Zcr : 1.2로 해석 (온도응력 전압 1.2 ~ 1.5)

4. 결과의 이용.

1) Zcr = 1.32 기1.2로 안정

2) 시험배합동 현장적용.

3) 거푸집 존치 기간 [7일]로 유지

🔖 인공냉각법 적용 사례

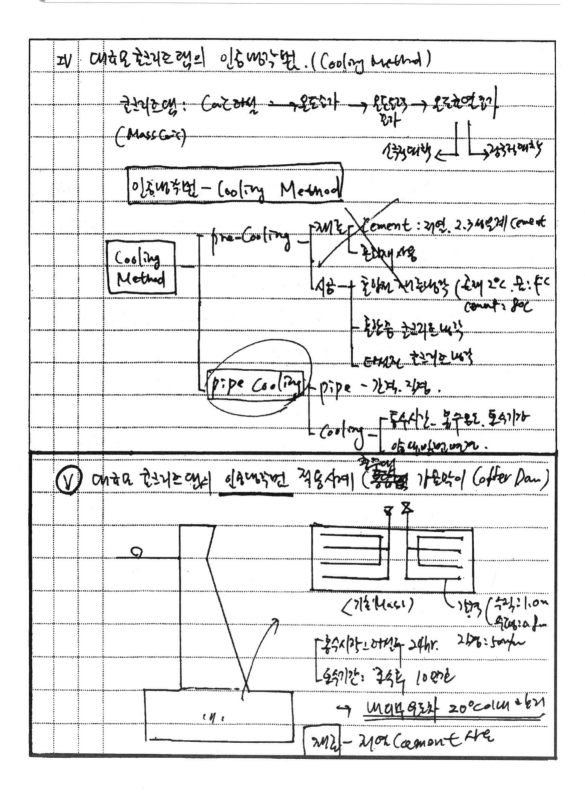

Mass Concrete 균열 사례

내부 구속이 클때 : $\frac{\alpha}{\Delta T_i}$		R : 부재의 정도 계수
외부 구속이 클때 : $\frac{1}{R \cdot \Delta T_i}$		연약 : 0.5, 경암 : 0.8

ㄴ. 실적에 의한 방법

Ⅷ. 균열 발생 확율과 온도균열 지수와의 관계

I_{cr}	0.7	1.2	1.5
내용	유해한 균열 발생 제한	균열 발생 제한	균열 발생 방지

Ⅸ. 수화열 해석 program

1. MIDAS / CIVIL   2. ADINA

3. ABAQUS   4. DIANA

Ⅹ. 시공 실패 사례 (Mass con.)

1. 공사 개요

1) 공사명 : 부산고속도로 확장공사

2) 공사기간 : 1993. 4 ~ 1996. 6

3) 구조물 : PSC 교량 교각 (제한 ~ 단면도)

2. 문제점 및 원인

1) 문제점 : 콘크리트 타설후 교각 표면에 망상형 균열 발생.

2) 원인 : 매스 단면의 기둥 부재의 1차 타설 높이 과다 (구체적)

3. 해결 방안 및 교훈

1) 해결방안 : 균열폭이 0.2mm 의 이하 균열 이므로 이폭시수지 표면처리 실시

2) 교훈 : 온도응력 해석을 통해 온도균열지수에 의한 1차 타설높이 산출

Mass Con'c 온도 균열 사례

㉴ 필요시 온도제어 양생 준비(pipe cooling

㉵ Block 타설 (수화열. 침하균열).

3. 시공후

① 거푸집 탈형시기 (강도저하) 및 복토 (온도 민감저지).

② 양생관리 (초기 습윤양생 : 최소 1일이상)

③ 과재 하중 재하금지 (안측강도 발휘전)

Ⅸ Mass Con'c   시공경험 사례

1. 공사개요 ① 공사명 : 분당선도시 지하차도 및 연결도로공사.

② 공사기간 : 1992.10 ~ 1995. 11.

③ 구조물 : 지하차도 (B=20M L=1.1km)

2. 문제점 및 소견

1) 서공 및 Mass Con'c 관련 관련

학계 및 기술자의 자문을 받다

시공완료후 검사과정에서 상부 slab 균열 발견.

4) 소견 : 기술자문결과 Con'c 타설후 장기간 직사광선 노출

로 인한 온도편차로 추정.

3. 해결방안

1) 안전도 check 결과 이상이 없어 0.2mm 이상 균열부거는

주입공법으로 균열 진행 억제.   "끝"

서중콘크리트 양생 사례

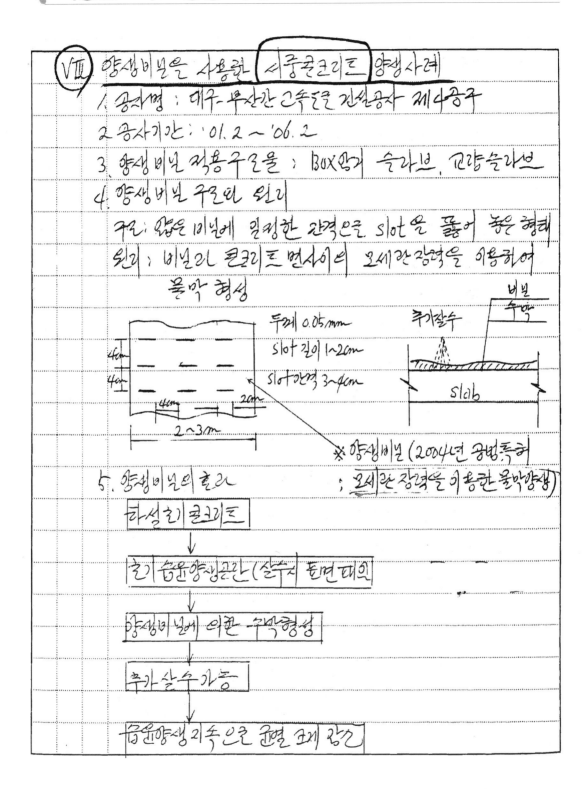

Ⅷ 양생비닐을 사용한 서중콘크리트 양생사례

1. 공사명 : 대구~부산간 고속도로 건설공사 제4공구

2. 공사기간 : '01. 2 ~ '06. 2

3. 양생비닐 적용구조물 : BOX암거 슬라브, 교량슬라브

4. 양생비닐 구조의 원리

   구조 : 얇은 비닐에 일정한 간격으로 slot을 뚫어 놓은 형태

   원리 : 비닐과 콘크리트 면사이의 모세관장력을 이용하여

   물막 형성

   두께 0.05mm

   slot 길이 1~2cm

   slot 간격 3~4cm

   4cm

   4cm

   4cm 2cm

   2~3m

   추가잘수

   비닐

   수막

   slab

   ※ 양생비닐 (2004년 공법특허

   ; 모세관 장력을 이용한 물막양생)

5. 양생비닐의 효과

   타설초기 콘크리트

   ↓

   초기 습윤양생공간 (살수시 틈면 대의)

   ↓

   양생비닐에 의한 수막형성

   ↓

   추가 살수 가능

   ↓

   습윤양생 지속으로 균열 초기 감소

서중 Con'c 수축 균열 사례

VIII. 서중 Con'c 시공관리시 중점 check 사항

1) 재료관리 (재료가 콘크리트 온도 ±1℃ 영향고려)

2) 직사광선이나 건조한 바람 주의

　(최소 24 h 습윤양생)

3) 양생후 즉시 피복실시

IX. 서중 Con'c 타설 경험사례

1. 공사 개요

본당신도시 5~1 공구 수로BOX 시공 (2.°×2.° M L=300M)

2. 타설 및 양생후 균열발생 문제점 및 원인.　　수축

1) 문제점 : 구조물 확인과정에서 인부구간 많은수의 균열발견

2) 원인 : 현장조사 및 검토결과 콘크리트 양생후 장기간

　햇빛기 노출 (타 구조물과의 연결시공으로 복토 지연)

　된으로 반영한것으로 판단

3. 대책 및 교훈.

1) 대책 : 균열부위중 0.2mm 이상 부위 Epoxy 수지

　주입공법 (미세균열부위도 경과추적)

2) 교훈 : 여름철 콘크리트 타설 양생후 즉시 복토하여

　지중에서 일정한 온도·습도로 유지관리 중요

　　　　　　　　　　　　　　　　"끝"

한중 Con'c 양생 불량 사례

Ⅶ. 한중con'c의 AE제사용 효과

- Ball bearing 효과 (굳지않은con'c) → Workability 향상 → 단위수량 감소 → 블리딩 감소
- Cushioning 효과 (굳은 con'c) → 동결융해, 중성화 저항성 증대
  수밀성 증대

Ⅷ. 플라이 사용시 유의사항

1. 한중con'c AE제사용 (0.03~0.05%)
2. 급격 냉각방지 유리

3. 내한생 공기량 : 4.5 ~ 7.5%
   적정공기량 확보값

Ⅸ. 현장 실제 사례   [한중 cone]

1. 공사개요
   1) 공사명 : 해안지역 방파제 검사량
   2) 공사기간 : 1998 ~ 2000. 12
   3) 실해개요 : 초기강도 누가감소 압축강도 이하 (20MPa)

2. 문제점 및 원인
   1) 문제점 : -4° 기상시 초기부주의 내한대책, 압축강도 미달 (허용 압MPa)
   2) 원인 : 한중con'c 해상측 가열양생(열풍기사용) → 심야 연동지강 (XX시간양생대책강)

3. 대책 및 교훈 [타설후 철거후 대상 → 재난복개비용 1200만 달
   양생 장비 점검 철저, 양생개량 관리 철저. 끝.

🔸 한중 Con'c 양생 개선 사례

2. 사용시 유의사항

(1) 계량의 정밀성 (계량오차 3% 이하)

(2) 깨끗한 물에 희석, 충분히 교반

(3) 과다점시 기포따위 발생 가능성.

(4) 규정 사용량 준수 (많을 경우 강도 저하)

(5) RC 구조물에서 철근에 대한 부착 강도 저하.

Ⅳ. 경험사례   한중Conc.

1. 공사개요

(1) 공사명 : 서울외곽순환 고속도로 검산공세 제○공구
정답이!

(2) 공사기간 : 2001. 8 ∼

(3) 구조물 : 지하 차도 Box구간 상부

2. 문제점

(1) 거푸집은 System Form Work을 사용한 강재거푸집으로 타설전 철근과 거푸집에 빙설 잔재,

(2) 수일간 계속되는 한파로 야적 골재 속까지 얼어 붙어 계량의 어려움 (골재 덩어리化)

3. 해결방안

(1) 콘크리트 타설전 보일러를 가동하여 고압호스의 수증기로 빙설 제거 및 타설 중에도 내부 동바리 내에 보일러 가동
→ 거푸집 온도 상승 효과

(2) 골재 저장소에 B/H 대기시켜 지속적으로 교반하고 열풍기 가동. "끝"

동절기 콘크리트 초기동해 사례

IX. 동절기 콘크리트 동결융해 성능 향상을 위한 혼화제 사용.

1. 혼화제 종류 : AE제. AE 감수제.

2. 사용효과 : B의 Bearing → workability 향상.

단위수량 감소 → Bleeding 감소.
시멘트량 감소 → 경제성

Cushing 효과
cushion
동결융해 저항성 증대
수밀성. 중성화 저항성

3. AE 사용량 : 0.034 ~ 0.05

X. 동절기 콘크리트 동결융해 성능 향상을 위한 혼화제 사용시 주의사항

1. 규정에 적합

2. AE제 계량오차 (±0.5% 오차)

3. 규정량 초과 주의 (강도저하)

4. 충분한 교반실시

XI. 동절기 콘크리트 초기동해 사례.

1. 공사개요 · 공사명 : 대기 미해강 환경도로 포장
· 공사기간 : 1998. 1. ~ 1999. 12.
· 규격표매 : 포장 (T=31cm. Block:10×10)

2. 문제점 및 원인.

1. 문제점 : 타설 완료 즉시 내부 양생 (비닐+양생포+천막)
포면 초기동해 발생 (T=5cm)

3. 해면방안 : 깊이 15cm 까지 patching 하여 재포장 (앙카.
접착제) 실시 (같은 배합 근간)후 증면 양생함

해양 Con'c 시공 사례

```
                    └─ 응결 시간 : 약간 촉진
     2. 굳은 Con'c ┌─ 압축강도 : 초기는 증가, 장기는 저하
                   └─ 강재부식 : Con'c에 치명적
```

Ⅴ. 염화물 대책

1. 재료 : Cement, 물, 골재에 염화물 혼입 방지 방청제, 제면제

2. 배합 : 치밀한 Con'c 설계 (W/C, 단위수량 적게)

3. 시공 : 살수양생 및 Con'c나 철근 피복 시공

4. 설계 : 철근 피복 두께 충분히 유지

Ⅵ. 염화물 규정

1. 염소이온 허용총량 0.3kg/m³

2. 모래 건조중량의 0.04% 이하

Ⅶ. 염화물 시험법

1. 질산은 적정법

2. Quantab 법

3. 비색 방법

4. 전위차 적정법

Ⅷ. 시공 사례   good   해양conc

1. 공사명 : 광천 - 안면 연도교 가설공사 (FCM, L=600M)

2. 공사기간 : 1997. 10 ~ 2004.

3. 위 치 : 교량하부공 (우물통) 및 기타 일부구조

4. 문제점 : 해상 교량으로서 당시 규정에 따나 5종 Cement
            (내황산염)을 사용하였으나 철근피복균열이 있음

5. 처 리 : 철근 코팅 피복이 가장 확실 하나 경제성, 시간적
           으로 곤란하여 대안으로 콘크리트 우물통 다부에
           방연피복 (천축식)으로 처리.
   ※ 당초 해수에 접하는 구조물은 5종 시멘트 사용이였으나 이후 에 변경됨.

                                            끝
```
```

수중 con'c 공동 발생 사례

VII. 토류벽 시공시 문제점 및 대책   모식도   (수중 con'c)

시공	문 제 점	대 책
오탈	[흙막음붕괴 [5 m이하시 casing 인발 ⑧	[stand pipe 설치 [casing 설치
점토	Heaving	안정액 사용
자갈,오탈	인수 저하	물비중, 지하수, 슬라임
피압대수층	수시 확인 대응	굴착공법 대책 바고.

VIII. 최근 경험 사례   (수중 conc)

1. 공사개요

   1) 공사명 : 최근 분양한 객실증 건설공사 (45평)

   2) 공사기간 : '99.12 ~ '02.12

2. 문제점 및 원인

   1) 문제점 : 수중c에 타설시 최상부 1m에 공동 발생

   2) 원인 : -. 타설관로 미흡으로 슬라임층에 의한 연속 발생

          -. tremie관 간격 넓어 블리딩 → overflow

3. 대책 및 교훈

   1) 대책

       본체 타설부 양부후 tremie관 재타설

   2) 교훈

       시공관, 감독관 사전검토 철저 요. 끝.

Shot Patch Remitar 공법 적용 사례

⑥ Rebound 저감(리르바) 방안

1. 재료 ; 응결제 직접방사등. 과大 → 강도저하 (40~5%),
수밀도면 (강연개선), 수화열 높아진.

2. 배합 ; Gmax ; 10~15mm, w/c ; 40~60%, s/a, 55~75%.

3. 시공시 ; 분사각도는 시공면에 직각, 숙련작업자 시공.

⑦ 숏막터널 요구성능.

[붙어붙이기성능] ─ 시공시에가有 : 분진저 + 초기강도
시공시에가표 : 분진저 + 초기강도 + Rebound 실하도
↑   ↑
5배₂/㎥   40~30%

[초기강도] f_s8 ≥ 18MPa.

⑧ 죽령터널 Shot Patch Remitar 공법 사용에 따른 Rebound
저감 사례.

1. 공사개요 ; 죽령터널 ℓ=3,940m, TBM + NATM 조합.

2. Shot Patch Remitar 공법 적용 사유 ; TBM 시공시 소구경 직경
터널 → 재료손실 및 분진 방생 리르바 (rebound도 4~6%)

3. 향후 적용 전망 ; TBM 공법이나 용수가 많은 터널 공사서

Shot Patch remitar 사용으로 rebound 저감 효과및 경제성, 시공성 개선.

[끝]

Porous Con'c 활용 사례

골재가 Con'c 강도(동결)에 미치는 영향↓

⑦ 경부고속 철도5너 공구 교얘 뒷 배면 Porous Con'c 활용사례

1. 공사계요: 경부속 철도5너 승구 연제교 A₁, A₂ ℓ=1950m

2. 공사 기간및 굗양형식: 1992.6~ 1996.12. PSC BOX. 굔대:중공럭

3. Porous Con'c 사층목적;1)교며 뒷채웠진 배수유통능력(Porous Con'c)
   선치. 2) 치하수위 상층 방지를 되해 선치. 상승시 족시 배수

4. Porous Con'c 향후 활통 전망; 구룬뭇 통벽(슈구르뭇) 뒷채요도
   또는 고속렬도 교며 뒷채요서 선게 반영 → 안정성 확보

길

PC 강재의 Relaxation 저감 사례

⑤ PC강재의 순. 겉보기 Relaxation 차이점

구분	순 Relaxation	겉보기 Relaxation	비고
변형율	일정	감소	겉보기 Relaxation
응력감소량	大	↑	값이 견관사용
영향요인	긴장후 creep	순 Relaxation + (creep + 긴장력)	

⑥ Relaxation이 콘크리트 구조물에 미치는 영향

Good

순간적손실

Jacking → Pᵢ

강재 - 쉬스와 마찰
Con'c - 탄성변형

시간적손실

Pᵢ → Pₑ

강재 - Relaxation
Con'c - 2차응력

$$P_e = (0.65 \sim 0.8) P_i$$

⑦ PC 강재의 Relaxation 저감 대책 (경부고속철도 5-6 공구)

1. 공사개요: 경부고속철도 5-6 공구 PSC BOX 연체교. L=195m, B=14m, L=@30.6m

2. 설계상 대책 — 마찰, 손실계수 (μ. K) 현장여건 반영
    └ 쉬스관 응몸아전도록 자재 사용 → 마찰계수 저감

3. 시공상 대책 — 쉬스관 배치시 도면에 준하여 배치
    — 콘크리트 타설시 쉬스관 휨직이지 많게 고정
    — 녹이슨 PC 강연선 사용금지
    — 관리된 PC 강연선 동질 관리 (Relaxation 시험 100시간)

끝

21세기 토목시공기술사

Part 1

Professional Engineer Civil Engineering Execution

방화대교 : ARCH TRUSS BLOCK 가설

강재연결 불량 사례

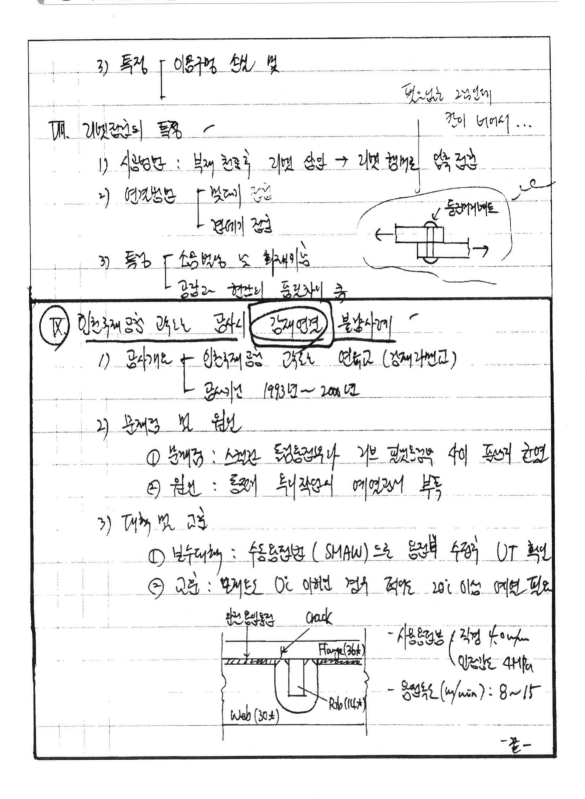

3) 특징 ┌ 이음구멍 손상 빛

Ⅶ. 리벳접합의 특징

1) 사용범위 : 부재 천공후 리벳 삽입 → 리벳 헤머로 압축 접합

2) 연결방법 ┌ 벳떼 접합
           └ 겹메기 접합

3) 특징 ┌ 소음 발생 도 화재위험
        └ 공장과 현장의 품질차이 큼

⑨ 인천국제 공항 각사나 공사시 (강재연결) 불량사례

1) 공사개요 ┌ 인천국제 공항 각사나 연육교 (강재라멘교)
            └ 공사기간 1993년 ~ 2000년

2) 문제점 및 원인

① 문제점 : 스캘립 돌림용접부나 리브 필렛용접부 사이 용접균 균열

④ 원인 : 돌림용접 특리 작업시 예열관리 부족

3) 대책 및 교훈

① 보수대책 : 수동용접봉 (SMAW)으로 용접부 수정의 UT 확인

④ 교훈 : 모재온도 0℃ 이하면 정치 정지후 20℃ 이상 예열 필요

Web (30±)   Flange (36±)   Crack   Rib (114±)   완전 용입용접

- 사용용접봉 ┌ 직경 4.0mm
            └ 인장강도 4Hpa

- 용접속도 (m/min) : 8~15

-끝-

강관Pile 용접결함 사례

⑥ 용접 결함 방지 對策

　　1. 시공 대책
　　　1) 용접 자세 개선　　　　2) 용접파 용접관 Test후 CD 부여
　　　3) 강풍 및 습시　대책강구 (바람막이. Dry Pack 사용 등)

　　2. 처리 대책.
　　　1) 표면 상처 : Grinding　　　2) 균열및 undercut; 용접후 Grinding.
　　　3) 언더컷 : 재가공 용접. Grinding　　4) 변형 : 교정

⑦ 용접후 용접결함 검사방법

　　비파괴 검사 ┌ 육안검사
　　　　　　　 └ 비파괴시험 ┌ 내부 : ╪ UT(초음파시험), RT (방사선시험)
　　　　　　　　　　　　　　 └ 외부 : MT(자력탐상시험), PT(침투시험)

⑧ 경부고속철도 5-1공구 연제교 강관Pile 용접 결함 사례
　　1. 공사개요 : 경부고속철도 5-1공구 연제교. 강관Pile(8丁8丁6″ 차경2m/s)
　　2. 문제점 ; 용접부위 환타시 차손. 　3. 원인 ; 용접결함, 용접기능공 불량
　　3. 대책 ; 용접부위 Grinding후 재 용접실시 → 환타.
　　4. 향후 개선 방향 ; 용접기능공 Test 실시, 용접 설계기준 준수. 끝

고강력 볼트 토크 검사시 개선 사례

1. 개요

2. 종류

3. 강의 응력 곡선 비교

구분	고강력 볼트	용접 이음	개선 이유
장점	연단부 강성가 크다	응력 전달 확실	안심이득
	응력전달이 적고	아무래도 결함이 많이	응급시 사용
	사용간단 · 공기단축	무게경 · 개선 이쉬	간단
단점	무거움 별효	취약함 별효	고속발생
	사용가때 강도 능률저하	외형이 약함	현장 추가조사
	강도 별효 다수 이뤄움	검사정밀이 중요	작업이면 쉬

(1차) 고강력 볼트 토크 검사시 개선 방향

1. 적용현장 :

2. 고강 연장 및 폭 : 400 m , 4경 (10경간)

3. 개선 사례

서울기술사학원
63
www.seoulpe.com

철골이음 개선 사례

Ⅵ	강재 연결시 주의사항 (고장력볼트 이음)	
	1. 동절기시 : 1) 너트, 볼트, 와셔가 동시 터져서 재료온 세트교체	
	2) 동결에 따른 안전사고 유의.	
	2. 하절기시 : 1) 한번 사용한 볼트 재사용 금지	
	2) 강우시 미끄럼 추락 예방	
	3) 가설 전압에 의한 감전사고 유의	
	3. 안전관리 : 1) 고소작업시 안전장비 철저	
	2) 사전 교육 및 주기적 휴식 -이산	
Ⅶ	서인천 복합화력 3.4단비 볼관란물 철골 이음 방법 개선사례	
	1. 공사개요 : 터빈 반문 2동, HRSG 8동 고장력볼트 약 20만개	
	2. 당초 이음 방법 : 마찰접합룡 고장력 6각 볼트 F10T	
	3. 문제점 : 1) 시공 품질 측면 : 고소작업으로 검사가 곤란	
	2) 작업성 측면 : 작업 효율 저하	
	3) 안전 및 환경 : Bolt Impacting 시 소음 및 안전위험	
	4. 개선방안 : T.S Bolt 채택 (Torque Shear)	
	5. 효과 : 1) 공사비의 증감이 거의 없이 공기단축 (약 6개월)	
	2) 시공 품질관리 강화 (Bolt Tip 절단으로 확인 가능)	
	6. 향후 추진계획 : 1) 고소작업의 고장력 볼트이음시 T.S Bolt	
	적용 확대	
	"끝"	

강관 Pile 부식 방지 사례

V. 서해대교 pier부 부식방지공법 적용 사례 (강관pile)

  1. 개요 : 서해대교 비상대로 시공.

  2. 효과 → 교각기초부 하자 발생 저감.

VI. 해상교량부 강관pile 부식방지 적용 시의 유의사항.

  1. 시공전 - 표면처리 철저

  2. 시공중 ┌ 인접부 시공.
         ├ 시험시공 실시
         └ 피복 (비처리제) 손상주의

  3. 시공후 - 유지관리 철저

VII. 맺음말

  1. 해상 강관pile 시공시 연해기 매입 간격과 민감도 인해
    특히 미밀시공 상연결의 가장 민감하는 곳이므로 특히 주의하여야함

  2. 서해대교의 경우 부식방지공법으로 탄력수법의 사력공과
    피복부도 부식진행율 낮아 시공함

                            1끝...

www.seoulpe.com
서울기술사학원
02-774-7483
www.seoulpe.com

21세기 토목시공기술사

Part 1

Professional Engineer Civil Engineering Execution

재하 시험

TSP 탐사 사례

TSP (Tunnel Seismic Profiling) 탐사.

Ⅰ. TSP 탐사 원리. - 상향 선반응 활용하 터널 전방 탐사.

두선이
다기버머이프
탐정파암 : 마당세 젠이트
단층·다머대 선반시기
방타시
트라거강르   두선시그팅.

1. TSP 탐사는 터널굴진 이방만 VSP탐사
   기법은 터널 안에서 응용한 조사기법.

2. TSP 탐사거리 - 막장 선방 100~200m.

방사팜 전반과 수신시 의하면 막장선방 탐사과 막장선방으로부터 터버머층
눅력방으로써 막장선방의 사면서게· 단층·파머대등 선방의 사면방향과 사면개소.

Ⅱ. TSP 탐사 목적.

1. 단층·파머대등 사전 진버석 굴새 여악 확인.

2. 사전버라 락양성 단층파머대등의 터널 생버에너 위버 확인.

3. 단층·파머대 등의 규모 및 출량파악

4. 터널 눅방향과 단층·파머대버의 교차각도 및 방향.

Ⅲ. TSP 탐사 장치.

1. 다 두선섬 - 수 방타섬 방버

   - 다수 (20~0) 의 두선섬. 3샤섬 방타섬.

2. 다방타섬 - 수 두선섬.

   - 다수 (20~0)의 방타섬 3샤 두선섬 선택.

파머대층
터버

방타섬 ◦두선섬.

Ⅳ. TSP 탐사 방버

1. 눅성방버 결정 - 눅성선에의 양응 안선방. 파머대등· 판버선버.

2. 눅번 버성 - 눅버대 0.5~1.5m 남이에 일버버방.

3. 방타바 두선 - 폭약은 사용하여 P파버 버눅 탐사 도법.

전기비저항 탐사 사례

Ⅳ. (지반조사탐사) 현장적용 사례

1) 공사개요 [부산-울산 고속도로 제 9공구
   [공사기간 2002 ~ 2005 완료예정

2) 적용공법 : 전기비저항 탐사 (전극간격 20m 선정)

3) 전기탐사수치 설계 반영

  ① 파쇄 및 파쇄대 예상지역에 앵커등은 하향천공 및 보강공법

  ② 교량 (백련교) 기초하부에 Dental work

3경이 뽀샵하게 없네요

TSP 3경이 좋은데 … 여기에 맞을까?   ) 너무 어렵게
                                         생각하지 말것!

지반 물리탐사 활용 사례

V.	(지반 물리 탐사)	활용 사례	(물리탐사)

1. Project 명 : 매립지반의 침하와 물리탐사 비교연구

2. 수행기간 : 2000. 4 ~ 2000. 5

3. 장소 별 현황 : 용도 매항 (기존항로 조성 → 추가 매립 → 항만증축 → 지반침하)

4. 목적 : 침하 원인과 보강을 위한 기초 자료 제시, 지반 물리탐사의 적용성 검토

5. 탐사법 : 전기비저항 탐사, GPR, 굴절법 탄성파 탐사.

6. 결과 ┌ 원인 : 조수에 의한 토사 유실 → 지반자력 감소 → 상부지반 침하
        └ 대책 : 저져 암반까지 해수 침입 차단

🔹 동상 발생 사례

3. 단열공법 : 지표 가까운 부위 단열재로 보호 (EPS, 단열재)

4. 노상처리공법 : 화학적안정 NaCl, MgCl₂, CaCl 등

5. 배수처리 : 표면수, 지하수 처리로 동 유입 방지

Ⅵ. 동결심도 결정방법

1. 현장조사에 의한 방법

　　1) 동결심도계　　ㄱ) Test-pit

2. 동결지수에 의한 방법　　전국 3~5℃

　　1) 동결지수 : $F = C \cdot \sqrt{F}$　　동결지수

　　2) 수정동결지수 : 동결지수 $\pm 0.9 \times$ 동결기간 $\times \dfrac{표고차와지반고}{100}$　　현장에 가까운 지점값

3. 열전도율에 의한 방법　　Gthaph값

　　$Z = \sqrt{48 R F}$　　(R:열전도율, L:용해잠재열)　　동결지수 선정

　　적은 열전도율↓ → 동결심도↓

Ⅶ. 점검사례 (동상)

1. 공사개요

　　1) 공사명 : 산지교통과 단지개발사업 포장공사

　　2) 공사기간 : 1998 ~ 1998

　　3) 규모 : 말지역 도로포장공사 단지내 Ascon 포장

2. 동해설 (상향) 현황 및 문제점

　　1) 도로포장 sponge 현상 발생

　　2) 기온저하이 지반의 동결된 상태에서 아스콘포장실시

3. 해설방안 및 교훈

　　1) Sponge구간 노상 Ascon 제거후 양질의
　　　　재료로 치환후 재포장실시
　　　　(빈지경 및 동상방지층)

　　2) 동상은 지반자체 지지력 뿐만아니라 상부구조물의
　　　　기능성과도 관련이 있으므로 적절한재료선정 및 공법선정은 필요. 끝

🖊 동결 피해 사례

⑥ 흙의 동결이 토목 구조물에 미치는 영향.

1. 영향 flow.

흙,금속 오간수동결, → [Ice lense 형성. 팽창] → 2동면융기 → 침강 → 연약화
(9% 체적팽창).

2. 피해 유형

1) 구조물기초 - 동상으로 지반융기 /맞은 부재 파괴
　　　　　　 - 융해시 지반 연약화 → 부등침하.

2) 도로 타설 - 노로기층이하 간극수의 동결, 기복균열 발생
　　　　　　 - 융해시 sponge 현상.

3) 토벽 구조물 - 뒷채움 토사 동결로 배수불량 /이상토압 발생

4) 토공사면 - 이완 분토리력 slaking 현상 발생 → 사면붕리.

⑦ 흙의 동결 대책 (對 策)

1. 방지 대책　1) 치환공법. ← 사질~단~동력간 만라녹도로 구관
　　　　　　 2) 차단공법. 　　　　동상방지층 설계.시공 360mm
　　　　　　 3) 단열공법.

2. 치리 대책　1) 안정체리공법 (NaCl, CaCl₂+흙) 융기시 안정처리
　　　　　　 2) 배수치리 : 동면수, 지하수 처리로 물유입 방지.

⑧ 경부고속철도 5~6 공구 제2개창 관입로 공사 [동결] 피해 사례.

1. 공사개요: 경부고속철도 5~6공구 제2개창 관입로공사. 현장타선 1995~1997

2. 문제점: 흙의 동결에 의한 기층 [Ice lense 형성→강하량→sponge현상

3. 원인: 동결 깊이가 앏게 설계 되었고, 기개창 하부도로 건축→지하수기점

4. 대책: 맹암기 설치 →지하수 유도배수, 동상방지층 재설계. 시공　끝

토량 배분 사례

I정. 최적노선 선정시 유의사항

1. 토량계산시 횡방향 토량 고려

2. 생략구간등을 상세히하여 토량 변화도 고려 (과량시 현장 적용)

3. 토량은 山(흙재기기등) 별도 관리

4. 절성토 경계) 장비의 경제적인 작업 운반거리가 최적측 고려

5. 연약지반에 따른 토량 변화율 고려

II. 적용사례

공사명 : 명장 - 대변간 도로공사.

시행청 : 부산지방국토관리청

시공사 : 현연건설

문제점 : 상기 현장에서 계절적 수급에 따른 문제로 토량이었으나.
토취장 사용에 따른 및 운송안전 문제에 따른
토량 관계 검토 하였음.

해결방안 : 공반 검토 → 토취 현재 수급에 따른 선계기간
단축과 공반구간 최적이 따른 절성토 확보.
우회노선을 이용 비탈토량 절감 으로 공기단축·공사비
절감 <끝>

토공계획 변경으로 인한 유토곡선 적용 사례

3. 조합원칙

  1) 작업을 병렬로 분할   리 주작업 + 보조작업

  기) 시공속도의 평균화

Ⅷ 대규모 토공사시 운반장비 선정시 고려사항

  1. Trafficability : 토공기계 주행지표, 주행의 난이도정도

  cone지수   2   3   5   7   12

  장비 초습지D/z 습지D/z 보통D/z 대형D/z D/T

  ※ 감토방법 \quad 감 = Q\cdot W/P

  2. Rippability : Ripper 부착하여 풍화암의 굴착정도

  탄성파속도 1.5   2.0   2.5   Ripper작업량

  장비(D/z) 21ton 32ton 43ton $Q = \dfrac{60(A \times l)f \cdot E}{Cm}$ m³/hr

Ⅸ 대규모공사시 토병배분 유의사항

  1. 토량계산시 립방향토병 누락주의

  2. 토량변화율의 타당성 검토, 점검

  3. 암판정에 따른 토량변화율주의

Ⅹ 토공계획 변경으로인한 유토곡선 적용 사례

  1. 공사명 : 진상-미창 택 포장공사 (1991~1993)

  2. 적용이유 : 노선변경으로 토공량 및 운반장비 수정필요

  3. 적용원칙 : MCX 이론 적용

  4. 문제점 : 간접비 증가가 발생되어   비용↑
     성토 재료 단면 수정필요

  5. 해결방안 : 유토곡선이용 배분량 조정

  - 끝 -

유토곡선(Mass Curve) 작성사례

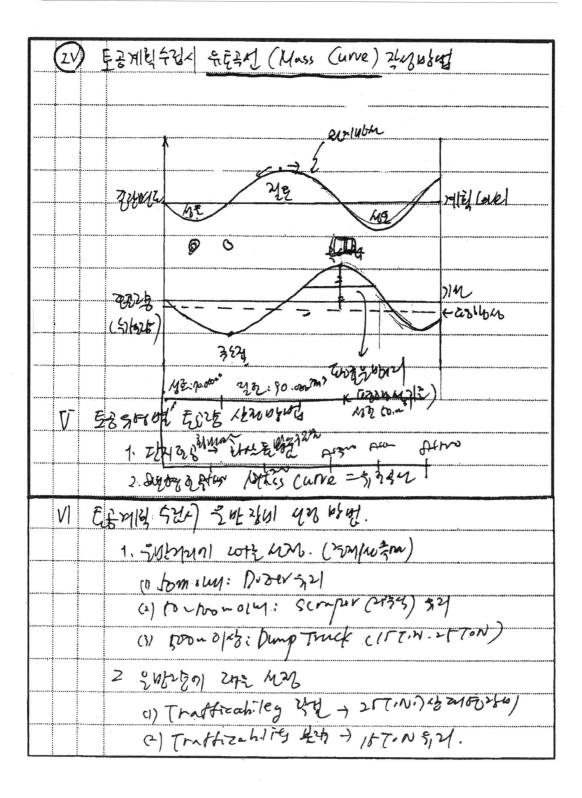

토량배분계획전 토질조사 사례

	㉠ 토량 환산 계수 (f)			
	구분	자연	느슨	다짐
	자연	1	L	C
	느슨	1/L	1	C/L
	다짐	1/C	1/C	1

2. 횡방향 토량이 누적되지 않도록 할 것.
   - 횡단에 의한 토량 계산서 함께 기록.

3. 운반거리와 사용성 감안 최대한 짧게.

4. 운반은 높은곳 → 낮은곳 되도록 함.

5. 운반은 한곳에 모아 일시에 사용토록 함.

V. 현장에 터널 건설토공공사시 사공사례. grad !

1. 문제점.

   1) 토적곡선은 양적인 면만 고려

   2) 불량토 발생 외 사토처리 및 토량 유용계획 차질 발생

2. 해결 방안

   1) 시험굴착, 시험성토에 의한 L, C값 확인

   2) 불량토 건조시켜 석회안정 처리로 현장 유용율↑ → 토적곡선 수정

3. 고찰

   1) 토량배분계획시기 충분한 토질조사 必요.

   2) 충분한 토취장 및 사토장 확보 요함. 끝.

토공 불균형 사례

		④ Dump 대수 = 백호시간당작업량 / 덤프 시간당 작업량
	VIII	토적곡선을 이용한 토량배분시 유의사항
		1) 횡방향 토량이 누락되지 않도록 주의
		2) 토량 변화율의 타당성을 항상 점검
		3) 암성 변화율 측정 자체가 어려움
		4) 다짐정도에 따라 변동이 큼
	IX	토적곡선을 이용한 토량의 경제적 배분원칙
		1) 평형선과 평형점 - 토량은 절토와 성토가 평형
		2) 절토에서 성토에 운반할 전토량
		3) 절토에서 성토에의 평균운반거리
		4) 토취장과 사토장위치 고려
	X	폭우로 인한 토사유실로 (토공 불균형) 경험사례
		1.공사개요 : 동해고속도로 축성공사
		2.공사기간 : 1999 ~ 2003
		3.구조물 : F.C.M 교량 하부공
		4. 문제점 원인 : 1)토량 부족으로 인한
		급경사면으로 접착강도 불량
		2) 강우시 계속되는 유실로
		토량 부족
		5. 대책 : Gabion 옹벽설치후 토량 재분배
		6. 교훈 : 성토시 충분한 사면과 설계도서검토
		끝

토량 환산계수 부적정에 따른 실패 사례

Ⅷ. 고속도로 토공사시 토량환산계수의 적용.

○ 기성물량 산정시 (f)

구분	토사	리핑암	발파암	비고	Dozer계 작업능력산정
깎기량	1.0	1.0	1.0	자연상태	$Q = C \cdot N \cdot E$
운반량	0.9	1.1	1.25	다짐상태	$Q = \dfrac{60 \cdot q_o \cdot E \cdot t_1 \times t_2}{C_m}$
쌓기량	0.9	1.1	1.25	다짐상태	$= \dfrac{C_m \cdot q \cdot f \cdot E}{60}$

토질시험치산정

Ⅸ. 토적곡선 이용시 토량환산계수 부적정에 따른 실패사례.

1. 공사명 : 대전-통영간 고속도로 18공구 (산청-진주구간)

2. 주요물량 : 토공 2,600,000 ㎥ , IC 1개소.

3. 실패내용

　　1) 깎기 2,550,000㎥ 쌓기 2,600,000㎥ 호 50,000㎥ 의 순성토량이

　　　원설계에 반영되어 당정의 선슬치상 순성토부서시공 반료

　　2) 발파암 토량환산율(C) 1.25가 라라 계상되어 준공조음에 200,000㎥

　　　이상의 사토량 발생 → 일부 쓰레기매립장 공사 사토(동바이 복량), 일부 crusher 이용

구분	토사	리핑암	발파암	계	비고
토량(㎥)	400,000	600,000	1,600,000	2,600,000	다짐상태 ──── 자연상태
C값	0.9	1.1	1.25		

4. 원인 : 대단위 토공사의 경우 C값의 미미한 차이로 토공량 큰차이 발생

　　　↳ 원설계시 14공구~20공구 동일 값 적용 (공구별 시험치 미적용)

5. 교훈 : 대단위 토공사 에서는 발파암의 비율이 클경우 별도의 시험실시,

　　　암석시험 등도 꼭히 시험후 토공계획도 작성.　　"끝"

사토장 관련 공사지연 사례

Ⅵ. 준설 매립공사시 유보율(웃심율) 및 웃심율 증대 방안

웃심율	70%	90%	
토질	점토 모래 자갈		

매립되는 면적을 크게하기위해 Block을
여러개로 구분

Ⅶ. 현장경험 사례   good

사토장

Ⅰ. 공사개요

1. 공사명 : 가조연륙교 가설공사 현장 (거제도)

2. 근무기간 : 2001 ~ 2002년 (당시 공사관출 근무)

Ⅱ. 발생현황

- 사토장 및 준설공사 주변 어장 민원 발생

Ⅲ. 문제점

거제도 주변 여건상 산 밑 은폐지가 많아 사토장 선정 및 주변

민원등이 발생하지 않을것으로 판단되어 사전제획 및

주변민원의 접촉등 환경적인 요소를 등한시한 결과

공사가 상당기간 지연된 사례임

Ⅳ. 대책

준설공사장 주변 어민들과 상당기간 접촉 끝에 (약6개월 소요)

주변 어장에 대한 보상금 지불 및 사토장 주변 환경부담비

를 지불한다는 조건으로 공사를 재개학수 있었음

Ⅴ. 교훈

준설공사 미 원만시 가장중요한 사토장주변 환경과 주변어민

들을 사전에 접촉하였으며 계획을 수립하며

액상화 방지를 위한 공법변경 사례

문제 3) 액상화 . 발생m Q/G 정리m

sol)

I. 액상화의 정의

포화된 사질토 지반에서 진동, 지진, 파랑 등에 의해서
전단강도가 상실되는 현상

II. 액상화 발생 Mechanism ($\tau = C + \sigma' \tan \phi$, $C = 0$, $\sigma' = \sigma - u$)

외력 발생 → 간극수압 상승 → $\sigma = u$ → $\tau = 0$
(지진.진동.파랑)   ↑   ↑
                        포화된 사질토 $\sigma' = 0$

III. 액상화가 토목구조물의 내구성에 미치는 영향 (건축 3사단 이송공사)

　　1. 구조적 - 과다한 침하 → 균열 → 전도 → 내구성 저하
　경계조건　2. 외부구조적 - 내구성 저하 → LCC 증가

IV. 액상화 발생에 영향을 주는 요인 (건축 3사단 이송공사)

주요인 - 지진, 파랑, 진동, 공법
부요인 - 포화된 사질토, 외력수위

※ 장현상의 주요인은 항타장비의 진동임 - Vibro Hammer

V. 건축 3사단 이송공사시 적용된 액상화 방지 공법변경 사례

1. 당초 : 말뚝기초
2. 변경 : 지반 + 석벽
3. 효과 : 항타 장비로 인한 액상화 방지 (항타 장비 진동 방지)

당초 → 변경 (9:1)

www.seoulpe.com
서울기술사학원
02-774-7480
www.seoulpe.com

21세기 토목시공기술사

Part 1

Professional Engineer Civil Engineering Execution

골프장 토목 시공

최적함수비를 이용한 다짐관리 사례

문제 4) 최적함수비   신뢰성 = 일반토의 경우 OMC ±1~2% 범위

답)

Ⅰ. 최적함수비의 정의 (Proctor의 제안 方法)

   흙의 다짐작업시 연직곡선 근처에서 흙이 가장 잘

   다져진 때의 함수비로 OMC라 하고 함 γd_{max}로 구할수 있음

Ⅱ. 최적함수비 선과 영공기 간극곡선와의 관계

① 최적함수비선
② ZAVC

※ 최적함수비 선과
  ZAVC는 평행관계

Ⅲ. 최적함수비의 활용성 및 승강별 적용 사례

  1. 활용성 ┌ 흙의 다짐상태 파악
          └ γd_{max}의 산출 → 다짐도 = $\frac{\gamma d}{\gamma d_{max}}$ × 100%

  2. 적용성 (도로공사와 댐,하천공사)

  1) 도로공사

   OMC 건조측 다짐비

   → OMC - 16.3 ~ 17.3%

  2) 댐. 하천 제방공사

   OMC 습윤측 다짐비

   → OMC : 17.3 ~ 18.3%

다짐 불량 사례

7. 다짐관리의 방법(다짐규정)

1) 품질규정

평가항목	평가기준	적용성
강 도	CBR, K값, Cone 지수	사질토, 암괴, 포박돌
변 형 량	Proof rolling, 벤켈만 빔 시험	노상, 시공중 성토면
다 짐 도	노체 90%, 노상 95% 이상	도로 및 댐성토
포 화 도	85~95%	고함수비 점성토
상대밀도	간극비	사질토

2) 공법규정

가. 평가항목 : 다짐기종, 다짐횟수

나. 적 용 성 : 토질 및 함수비 변화가 적은 현장

8. 다짐관리시 유의사항

1) 문제점 : 실내다짐 최적함수비 > 현장다짐 최적함수비

2) 원   인 : 실내다짐 장비효율 < 현장다짐 장비효율

3) 대   책 : 최적함수비의 ±2%내의 함수비 관리가 필요

10. 현장사례 및 교훈 다짐

1) 공사명 : 한국 BASF TDI 건설공사 중 ACP공사

2) 사   례 : 포장시공 후 Sponge 현상 발생

3) 원   인 : 표층 포설직전 강우발생으로 익일 다짐포설 및 다짐수행.

노상토로의 우수유입 및 함수비 증가에 따른 수막현상 발생.

4) 대   책 : 제거 후 재시공

5) 교   훈 : 포장시공시 함수비 증가 방지대책 수립 및 Schedule 수립 철저

고속도로 다짐방법 개선사례

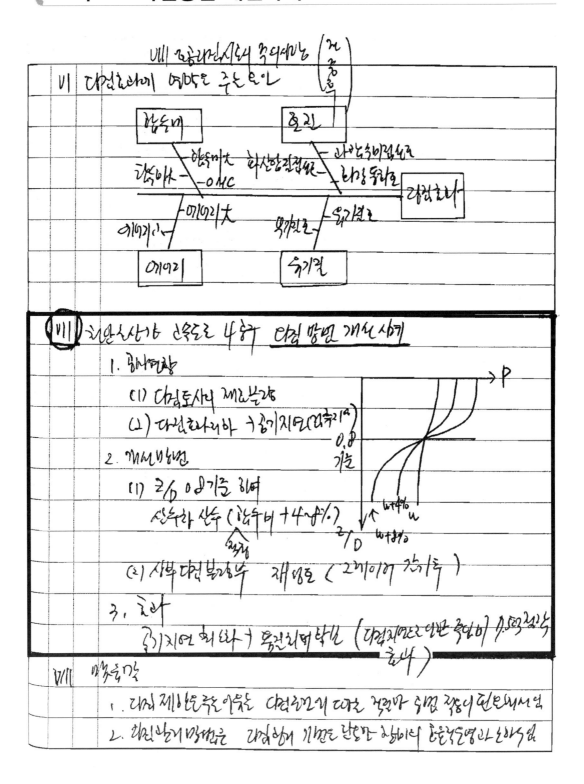

✎ 토공 다짐향상 VECP 사례

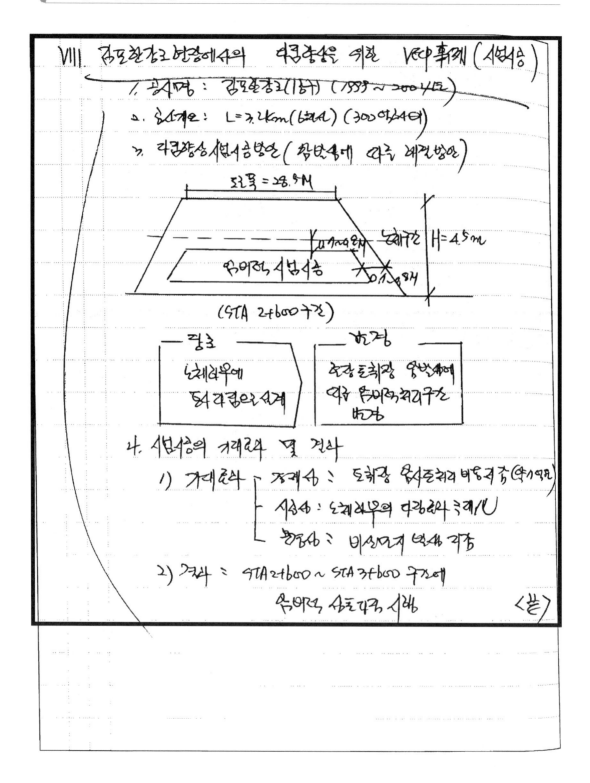

VIII. 급도환경도 현장에서의 다짐향상을 위한 VECP 사례 (서면상)

1. 공사명 : 급도환경도(1공구) (1999 ~ 2004년도)

2. 설계요 : L=3.4km (6차선) (300억 수주)

3. 다짐향상 서면상방안 (참반수에 다짐 제건방안)

도폭 = 28.5M

노체다우에 H=4.5m

응머력 서면상   0.5:0.84

(STA 2+600 구간)

┌── 당초 ──┐   ┌── 변경 ──┐
노체다우에   현장토취장 응반수에
당 다짐으로 설계   다짐 응머력처리구조
                   변경

4. 서면상의 기대효과 및 결과

1) 기대효과 ─┬ 발주측 : 토취장 응사준리과 비용절감 (약1억원)
            ├ 시공측 : 노체다우의 다짐효과 증대/U
            └ 환경측 : 비산먼지 먼수 감소

2) 결과 : STA 2+600 ~ STA 3+600 구간에
         응머력 송토다짐 시행   〈끝〉

다짐 방법 개선 사례

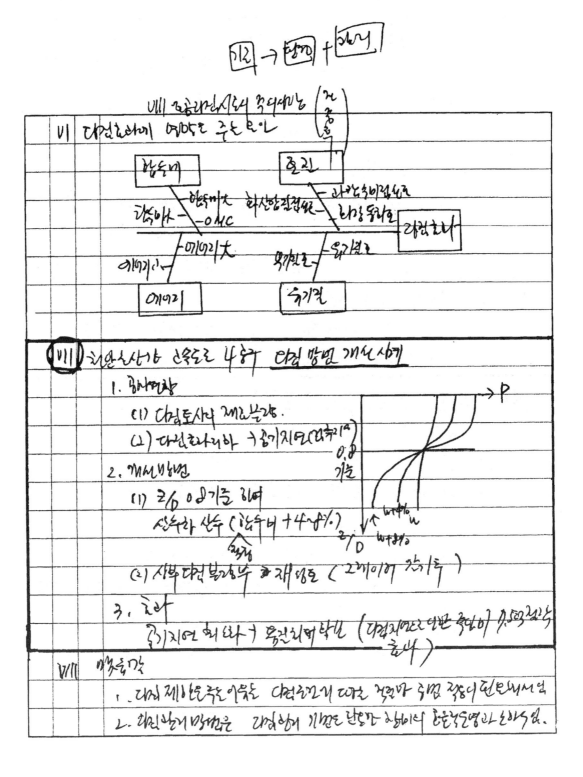

다짐 관리 규정 설정 사례

- 포장면 다짐
  - 층간 좁은 경우 - 충격식 (래머, 탬퍼)
  - 층간 넓은 경우 · 사질토(진동), 점성토(전압)
- 비탈면 다짐
  - 피복토 설치 : 사질토 (비점착성)
  - 피복토 설치 않는 경우 : 점성토

VIII. 흙의 다짐관리 방법

1. 흙의 다짐 규정방법
   - 품질규정 : 건조밀도, 포화도, 상대밀도, 강도특성, 변형량
   - 공법규정 : 다짐두께, 횟수, Scale effect

2. 토질별 관리방법.
   1) 사질토 : 상대밀도 2) 고함수비 점성토 : 포화도
   3) 일반토사 : 건조밀도 4) 암 : 강도특성

IX. 흙의 다짐관리 규정 경험사례

1. 공사개요 : 논산 - 상월간 도로 확·포장 공사
2. 시 행 청 : 대전지방 국토관리청
3. 문 제 점 : 토취장 선정후 토질변화 (토사 → 암)에 따른 다짐관리 규정 미확립.
4. 개선대책 : 시험시공후 다짐관리 규정 설정

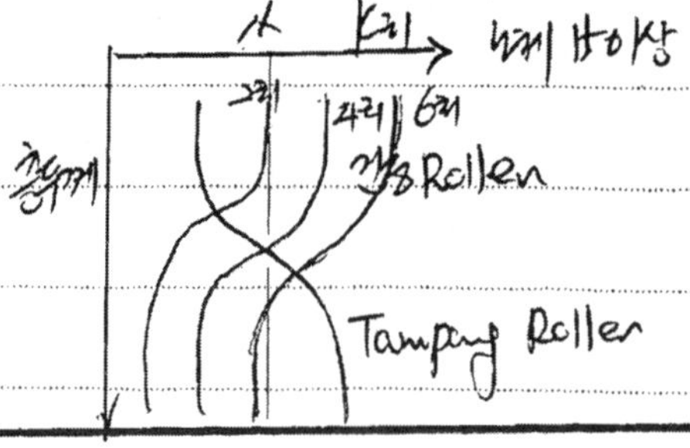

1) 토질횟수와 다짐두께 변경
2) 장비별 다짐횟수 변경
3) 적정 포설두께와 다짐횟수 결정 시공

다짐효과를 높이기 위한 현장 사례

다짐

X   다짐효과를 높이기 위한 현장 경험 사례.

1. 공사명 : ~~공사명~~ 서천-공주간 고속도로 건설공사.

2. 공사개요 : 절토 3.01만 ㎥, 성토 3.20만 ㎥.

3. 품질 관리 사례.

① 다짐효과에 영향있는 관리 : 함수비 관리
   (일반적인 사항)   다짐장비 및 횟수 관리등

② 특별관리 - 성토한 토질별 적정다짐 장비 및 다짐횟수
             시험시공 관리 - 시공지침 수립.

운반   운반

절토	성토	절토	성토
A토질 - 성토층	)시험시공후	B토질 - 성토층	)시험시공후
	Tamping Roller		Tamping Roller로 다짐후
	살수작업		Tire Roller로 면가우기.
	Tire Roller로 다짐		

다짐 효과 향상 사례

Ⅴ. 다짐 판정방법 (기준과 관리 포함)

  1. 다짐 기준

    1) 건조밀도 : 노상 - 다짐도 95%, 노체 - 다짐도 90%.

    2) 포화도 : S : 85~95%.

    3) 강도, 상대밀도, 변형량 (Proof Rolling).

  2. 판정방법

    1) 품질규정 ┬ 건조밀도   2) 공법규정

             ├ 포화도   ┬ 다짐속도

    쓰레기매립시 適用   ├ 강도   ├ 다짐횟수

             ├ 상대밀도   └ 다짐두께

             └ 변형량

  3. 다짐 관리방법 : Histogram, $\bar{X}-R$ 관리도

Ⅵ. 현동화력 제1화력 증고공사 다짐효의 향상방안.

  1. 공사개요 : '00.4.1 ~ '06.6, EL.4.0m → EL.9.5m 증고

  2. 문제점 : 1) 인근 지역 성토재 구득 난이

            2) 기존 흙은 고함수비 점성토로 다짐 곤란.

               (다짐효의 저하)

  3. 대책 : 1) E-Line 시공시 가른 Filter 산 절취 活用

          2) 최적 함수비 적용 (실험빈도)

  4. 교훈 : 다짐능력 (윤압) 최대화로 공비 절감

                                "끝"

Scale effect, kneading effect.

도로 확폭 구간 시공 사례

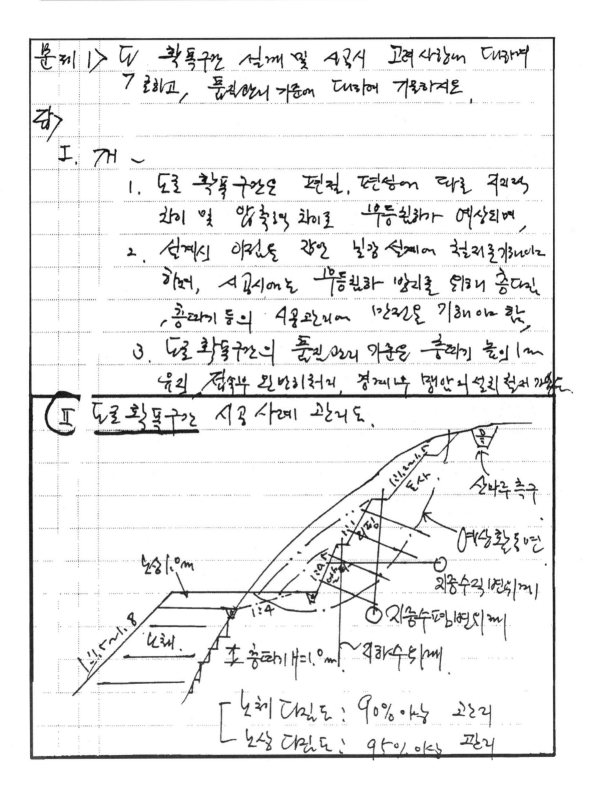

문제1> 도 확폭구간 설계 및 시공시 고려사항에 대하여
7 로하고, 품질관리 기준에 대하여 기록하시오.

답)

I. 개 ~

1. 도로 확폭구간은 편절, 편성에 따라 구역력
차이 및 압축력 차이로 부등침하가 예상되며,

2. 설계시 이러한 량을 냉강 설계에 철저로기반다
하며, 시공시에도 부등침하 방지를 위하 충다짐
공파기 등의 시공관리에 만려을 기해야 한.

3. 도로 확폭구간의 품질관리 기준은 충다기 높이 1m
우의 접촉부 완반히려고, 경계부 평안의 설치 철저 가능.

Ⅱ 도로 확폭구간 시공 사례 고려도.

편절 · 편성토 구간 시공 사례

문제3) 편절 편성 구간의 경계부에 균열등이 하자가
발생하는 경우 그원인 및 대책에 대하여
기술하시오.

답)

I. 개요.

1. 편절 편성 구간의 지반 외력경에 의하는
부등침하나 균열이 있으며,

2. 원인으로 토질의 압축성의 차이에 하중
침하량의 차이에 의한 것이 있다.

3. 그 대책으로서 시공 전 중후의 세심한
관리가 요구됨

Ⅱ 편절 편성 구간의 시공시 모식도.

$$다짐도 = \frac{\gamma_d}{\gamma_{dmax}} \times 100\%$$

< 토공 관리기준 >

구분	기준
노상	0.2cm두께, 95%다짐도.
노체	0.3cm두께, 90%이상다짐도

🌱 절 · 성토사면 비탈면 보호공법 적용사례

문제17) 비탈면 보호공법의 종류 및 누후사항 에 대하여
         서술하시오

답)

I. 개요

1. 비탈면 보호공법에는 구조적으로 퇴벽도를 억제하는
   방법과 억제하지 않는 방법으로 나누어지며,

2. 비탈면 보호공법은 생물학적인 식생공과
   물리학적인 구조물 설치 방법으로 나누어진
   생물학적인 식생공으로 돌사면 및 암사면으로
   구분되어 생각해 볼수 있으며, 구조물공법 미관이 불량한

4. 성토이행 현장에서는 돌사면에 씨앗 뿜어 붙이기공법
   리핑, 발파 사면에는 신공법인 PEC 공법을 적용함'

Ⅱ. 보수~이행 절성토사면 비탈면 보호공법 사례
   (2002 ~ 2009.6 국도 2개노선 9개소)

④ 성토사면 - 씨드스프레이 공

① 토사면 ; 씨드스프레이 2회
② 리핑사면 : pec 공법 5cm
③ 발파사면 ; pec공법 7cm.

양호 절토사면 : face Mapping
        실시 연구라인
        관리와도 확보함

양호 권서토사면 ; 안전성 검토 실시후 사면보호공 실시

🌱 반절 · 반성토 구간 시공사례

문제3) 반절 반성 구간의 경계부에 균열등의 하자가
발생하는 경우 그원인 및 대책에 대하여
기술하시오

답)

I. 개요

1. 반절 반성 구간의 지반 외력에 의한
부등 침하의 문제가 있으며,

2. 원인으로는 토질의 압축성의 차이에 따른
침하량의 차이에 의한 것이 있다.

3. 그 대책으로서 시공 전 중후의 세심한
관리가 요구됨

II. 반절 반성 구간의 시공관리 모식도

$$다짐도 = \frac{\gamma_d}{\gamma_{dmax}} \times 100\%$$

< 성토 관리기준 >

구분	기준
노상	0.2 cm 두께, 95% 다짐도
노체	0.3 cm 두께, 90% 이상 다짐도

비탈면 보호 공법 적용 사례

문제17) 비탈면 보호공법의 종류 및 누후수질성에 따라여
위술하지요

답)

I. 개요

1. 비탈면 보호공법은 구조적으로 토벽도를 안화하는
  방법과 선착하지 않는 방법으로 나누어지며,

2. 비탈면 보호공법이 생물학적인 석생 공과
  물리학적인 구조물 공 석회 방기법으로 나누어진

생물학적의 선생 공으로, 토사면에 및 암사면으로
구분되어 생각하 분누 있으며 구조물 공법 비와이 물렬한.

4. 본성그이야 현장에서도 토사면에 씨앗 분이 농이기공법
  리링, 반다 사면에는 신공법인 PEC 공법를 적용한

Ⅱ. 본위~이야 선성을 사면 비탁면 보호 공법 사례
(2002 ~ 2009.6 국도 2P호선. 9화라)

① 성을사면 - 씨드 스프레이 공   ① 토사면 ; 씨드 스프레이 2회
                                  ② 리립사면 : pec 공법 5cm
                                  ③ 반라사면 ; pec공법 7cm.

④   ○응 각토사면 : face Mapping
                                   석 면구와이
                                   관리와도 학빌한
○응 권서토사면 ㄴ 안정성 김회 연시후사면 보호공시

🪨 사면 붕괴 대책 적용사례

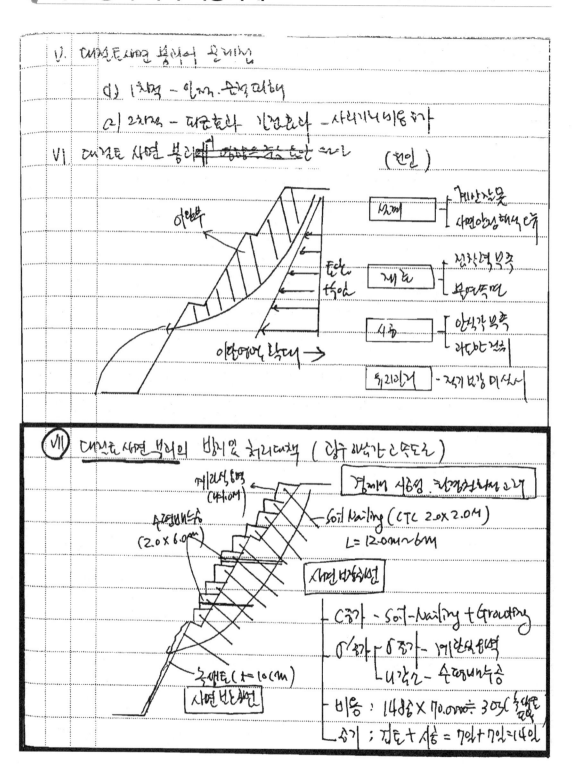

절토사면 붕괴사례

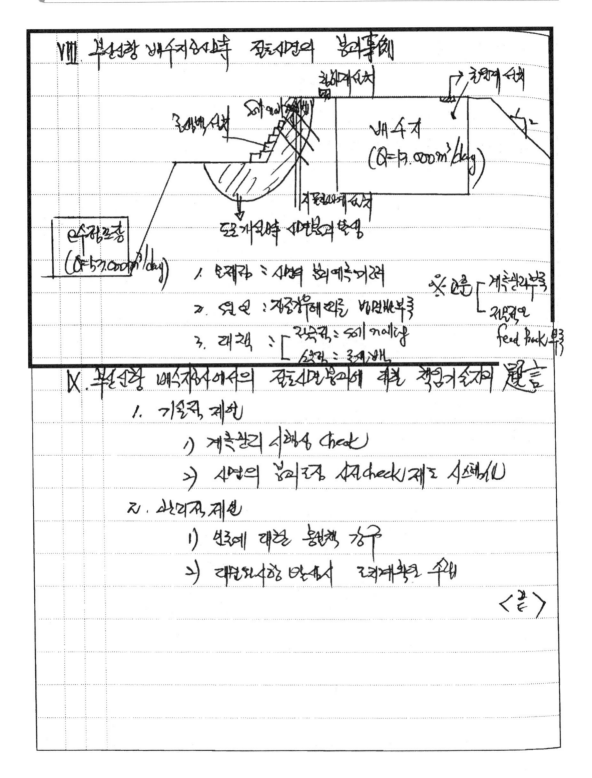

대절토 사면 붕괴 방지 사례

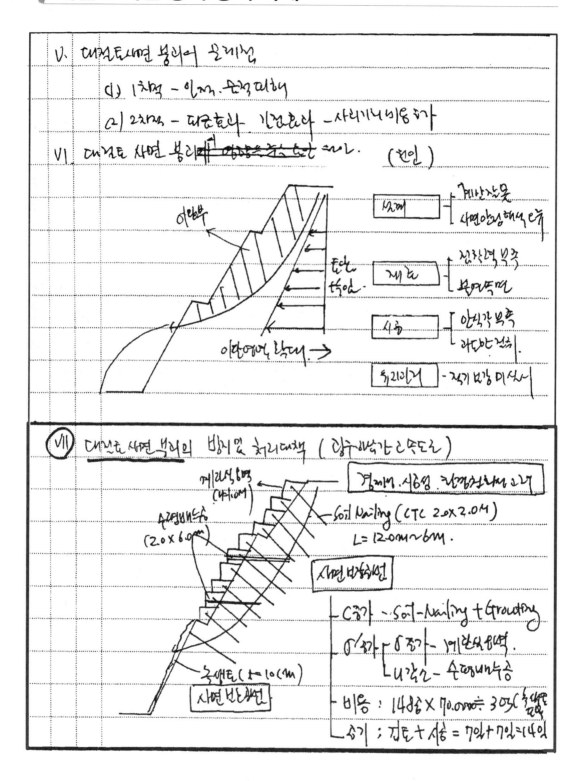

사면안정공법 적용 사례

IV. 자연사면 붕괴의 (원인).

　1. 내적 : 전단강도감소 (τ=c+σ'tanΦ)

　　　강우 → 지하수위증가 → U증가 → σ'감소 → τ감소

　　　→ 정윤포화 Z → 사면 붕괴.

　2. 외적 : 전단응력 증가.

　　　추후에 의한 대목 교란응력의 증가.

　　　　→ U(간극수압)증가 → σ'감소 → 전단응력증가

　　　　→ 사면 안정 → 붕괴.

Ⓥ 운전중현장 교리간설 사면안정대책

　1. 억제대책 : 안전율 유지

　2. 억지대책 : 안전율 증가

현장→ 조사→
(계획)

H=60m

(위 그림의 복잡한 손글씨 도해)

외위맹목
(억지대책)

내부수 (6m CTC) →내부맹
(리바지대책) CTC-5m2점

오염대책

Soil nailing 2.0×2.0 L=12M CTC5.0~40

표준사직영법 → DIPS
한계 평형영법 → Bishop.

→ 사면안정성

GPS 이용 → 사면모니거링

시역안와(억지대책) 내부락방

VI. 자연사면 붕괴 예측 기법인 (LPM의) 적용

　1. LPM 분석 순서 : 자료수 → 신뢰성 → 지반모델 홍계분석

　　　→ Logistic 회기분석 → 검사방안(1차소) → 검증

　2. 방법 : 1/5000 축적. 위험도 15등급. 지반정보영상 도기.

사면보강 및 계측 사례

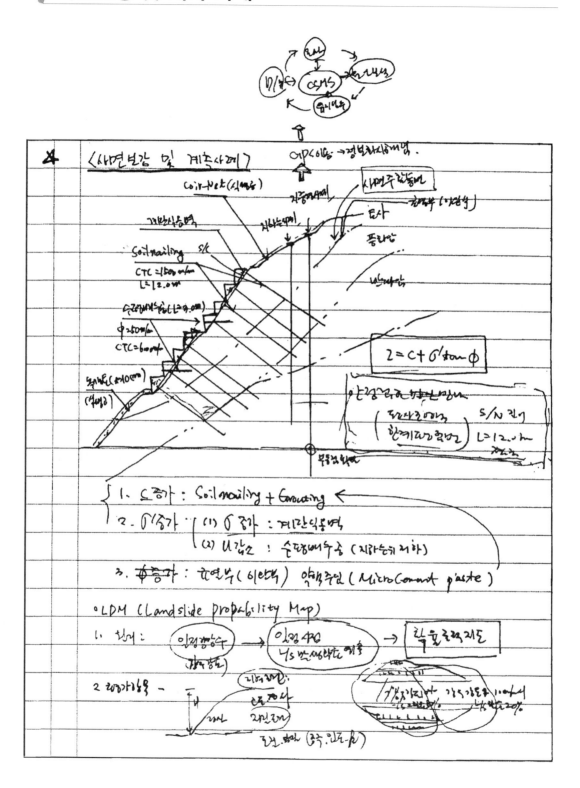

태풍루사로 인한 사면붕괴 사례

토석류 위험지역 설정기준 적용사례

Ⅶ 토석류의 대책공법별 특징 (능동적 대책 위주로)

구분	콘크리트 사방댐	링네트 방호책
시공성	다소 불리	유리
공기	약 90일	약 1일
재료	철근, Con'c	링네트 (Mesh)
유지관리	보수 난이	보수 용이 (교체)
수질영향	갈수기시 수질악화	영향 없음
공사비	다 소 고가	저 가

Ⅷ 토석류의 유동특성을 고려한 위험지역 설정기준 (수동적 대책)
  ※ 원주시방재준관리처 (2006. 4)

비탈면 계측 사례

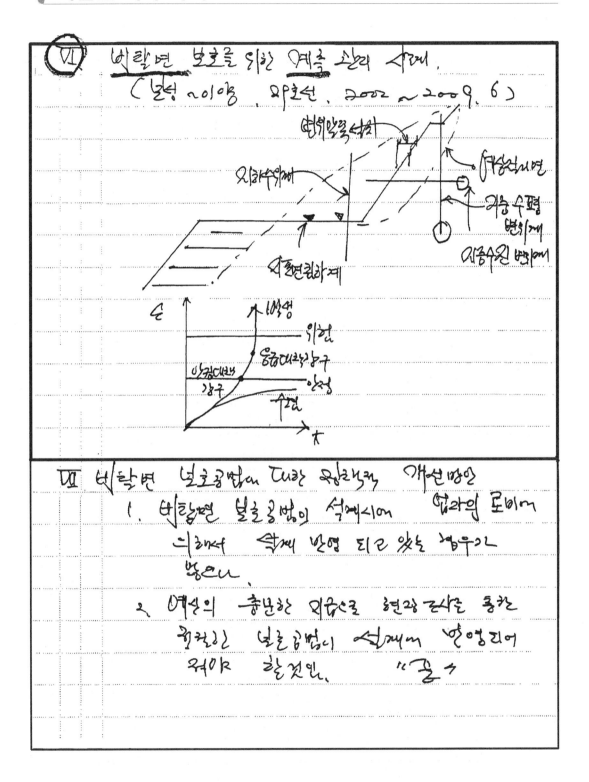

Ⅵ 비탈면 보호를 위한 계측 관리 사례.
(보령 ~ 이양. 왕보선, 2002 ~ 2009. 6)

Ⅶ 비탈면 보호공법에 대한 향후방향 개선방안

1. 비탈면 보호공법이 설계시에 업과의 도비에
   의해서 설계 반영 되고 있는 경우가
   많으나.

2. 여상의 충분한 여유으로 현장조사를 통한
   합리인 보호공법이 설계에 반영되어
   되어야 할것임.   " 끝 "

석축붕괴 예방 사례

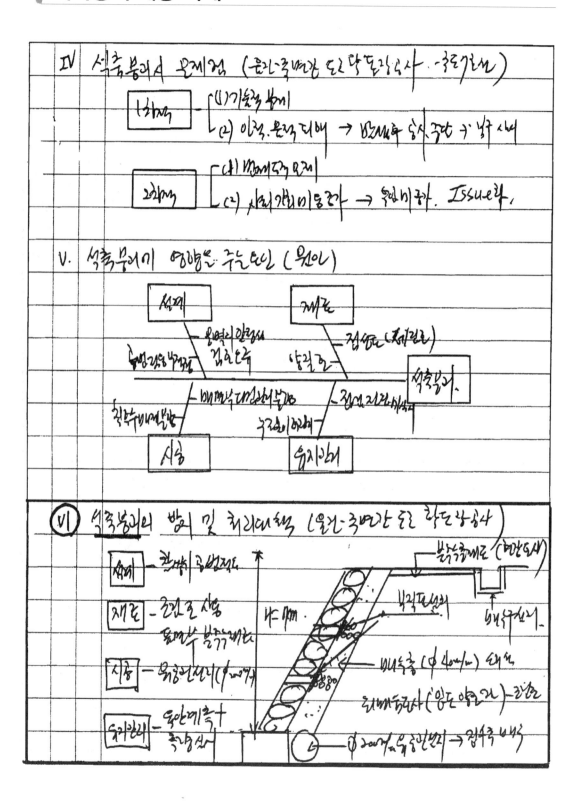

암반사면붕괴 사례

```
        - 지하수, 지표수배제, 암성토, 비탈면.
     2. 억지대책공법 (저항력증가법)
        - 옹벽공, 억지말뚝, Soil nailing, Anchor공.
Ⅷ.  사면안정 검토 방법
     1. 경험적 방법 - SMR      2. 기초화석방법 - 평사투영법
     3. 한계평형법 - 절편법      나. 수치해석방법 - FEM, FDM
Ⅸ.  사면안정 해석을 위해 주로사용하는 program
     1. SLOPE/w    2. PCSTABL 5M   3. DIPS
```

사면붕괴

```
Ⅹ.  사면붕괴 경험사례
     1. 공사명 : 경부고속철도 노반신설 기타공사 (제2-1공구)
     2. 공사기간 : '95.11. ~ '08.8..
     3. 주요공종 : 토공대절토사면, PC BOX 교량. 터널
     4. 문제점 : 암반사면이 불연속면을 따라 sliding 발생 (활동)
     5. 1차대처 : 지반불리 당시공사현 사면경사 조정 완화 (1:1.5 → 1:1.8)
     6. 2차대처 : 1차 대처후 동일지점 재붕괴 (1:1.8 → 1:2.2)
     7. 실패경위 : 기매수된 용지경계 내에서 사면조정으로 한계.
     8. 교훈 : 충분한 사례로서 복 경사 필요시 여유공간 확보, 용지매수 출분히
```

```
# 철도의 경우 도로와 달리
  유지보수지 노면이동이 불가하므로
  사면끝단에 유지보수용도로설치.
```

터널 갱구부 사면붕괴 사례

VII. 자연사면 붕괴 형태 및 특징

구분	붕락 (land slide)	이동 (land creep)
원인	전단응력 증가 (호우·지진)	전단강도 감소 (지하수 외상승)
시기	호우시	강우와 무상관한 경과후
지질	풍화암·사질지반	사질지반 연경암반
토질	얇은 연약층	점성토
발생속도	빠르고 순간적	느리고 연속적

VIII. 우리나라 산사태의 특성

1. 깊이 20m 이내 (전체의 ↑0%)
2. 폭 ↑m 정도 (20m이하 ↑0%)
3. 길이 1~2m
4. 면적 2000㎡ 이상

IX. 자연사면 붕괴 경험사례

1. 공사개요 · 국도 - 아무간 도로 착·발주공사
   시행청 부산지방 국토관리청

2. 문제점 및 원인
   · 국가산 집중호우에 따른 터널 갱구부 상단
   자연사면 붕괴

3. 대책 및 교훈

1) 대책 · 사면안정 자료 검토결과, 사면 추가보시 과한사면으로
   공종변경 검토 및 공기 과다으로 인한
   · 계측시 변위 사용후 효도 실시

2) 교훈 · 국내 사상록 - 안정 부기 사면 안정 해석시
   조기 지방 사면 검토 요함

산사태구간 정비 사례

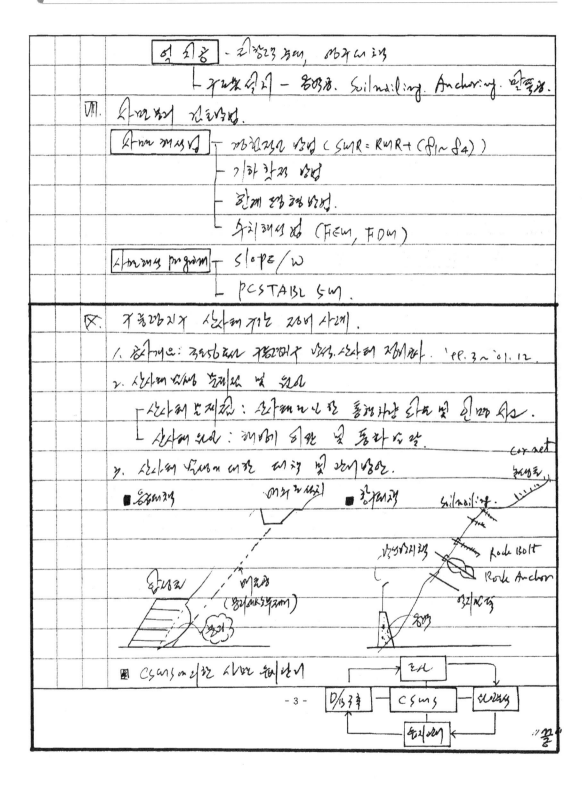

암 절토사면 붕괴 사례

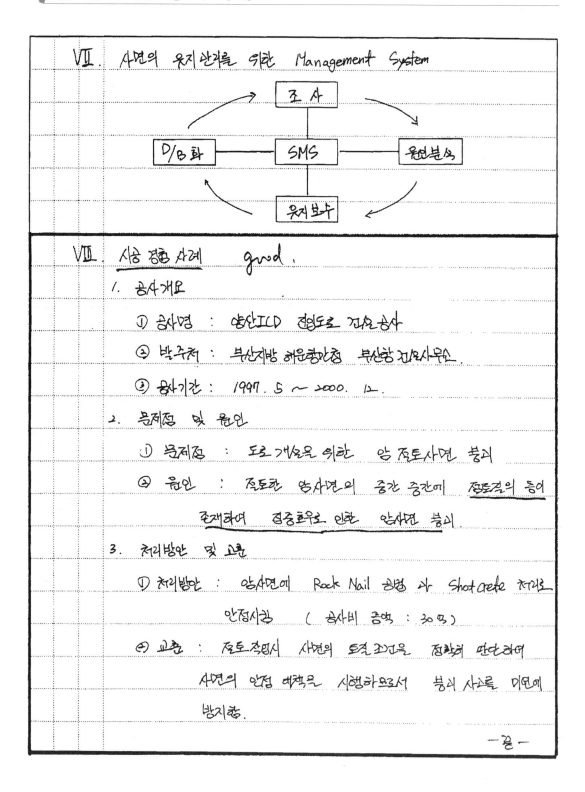

Ⅶ. 사면의 유지 관리를 위한 Management System

```
            조 사
              |
D/B화 ─── SMS ─── 원인분석
              |
           유지 보수
```

Ⅷ. 시공 경험 사례   good.

1. 공사개요

① 공사명 : 영산ICD 진입도로 진입공사

② 발주처 : 부산지방 해운항만청 부산항 건설사무소

③ 공사기간 : 1997. 5 ~ 2000. 12.

2. 문제점 및 원인

① 문제점 : 도로 개요를 위한 암 절토사면 붕괴

② 원인 : 절토한 암사면의 중간 중간에 점토결의 층이

존재하여 집중호우로 인한 암사면 붕괴

3. 처리방안 및 교훈

① 처리방안 : 암사면에 Rock Nail 공법 사 Shot crete 처리로

안정시킴   (공사비 증액 : 30%)

② 교훈 : 절토 작업시 사면의 토질 조건을 정확히 판단하여

사면의 안정 대책을 시행함으로서   붕괴 사고를 미연에

방지함.

- 끝 -

절토구간 사면붕괴 사례

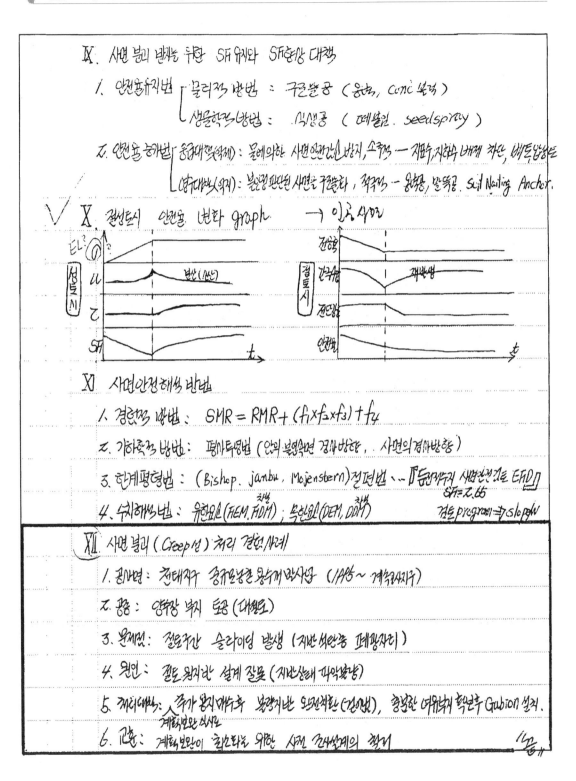

Land Slide 발생 사례

└ 쐐기 파괴 (양방향), 전도 (역방향)

층리성,불연속성 방향이 요망
(한계)

Ⅷ. 사면 안정성 검토 방법

1. 경험적 방법 : SMR (=RMR+($f_1 \cdot f_2$)+f_3), RMR 활용

2. 기하학적 방법 : 평사투영법 (DIPS)

3. 한계 평형법 : F, M&P, S

4. 수치 해석법 : FEM, FPM, DEM, DDM

Ⅸ. (자연 사면의 붕괴) 경감 사례

Ⅰ. 공사 개요

1. 공사명 : 키레 - 메리간 도로 확/포장공사 (원주지방국토관리청)

2. 공사기간 (사고시기) : 2002. 8.31 ~ 9.1

3. 부지 지역 : 기존 도로 (19로사) 경사면

Ⅱ. 문제점 및 원인

1. 문제점 : Land Slide 발생 (10 ha)

2. 원인 : 집중호우 여름 '루사'로 인하여 함수비 증대

Ⅲ. 개선 방안 및 교훈

1. 개선방안 : 응급 조치로 Core Net 식생공 시공

2. 교훈 : 여름철 집우때비 지역 특성의 적합한 산사태 예방 대책 수립   " 끝 "

🔖 암사면 붕괴 및 대처 사례

5. 조치사항 : 붕괴 사면 제거후 사면 구배 조정후 녹생토공법을
채택 시공하였음

6. 교훈 : 대절취 사면의 경우 암반물성 및 공학적특성을 사전 검토필요

XI 경험사례

1. 공사명 : 중앙고속도로 4차로 확장공사 현장

2. 근무기간 : 1996년 ~ 2000년 (당시 공사부장 근무)

3. 발생현황 : 가산 I/C 진입전 좌측사면 붕괴

4. 원인 및 문제점 :

1. 고속도로 2차선 공사시 암반의 절리 및 풍화대 존재유무 미고려,
설계 도면 구배(암반파쇄 1:0.5) 적용 공사를 시행

2. 여름출 집중호우로 인한 우수 침투로 사면이 일시에 붕괴됨

5. 대처방안

1. 도로공사 기술면구소의 현장 확인 및 시험을 통하여 사면구배
확장 (파쇄암 → 1:1)

2. 붕괴사면 제거후 안치반은 녹생토공법, 토사구간은
Seed spray + 거적덮기로 시행하였음

6. 교훈 : 사면 절취작업전 암반물성 및 공학적특성을 반드시 검토사항

수목제거로 인한 산사태 사례

IX 사면의 안정성을 고려한 검토방법

1. 경험적인 방법

2. 기하학적인방법

3. 한계평형방법 → 토사

4. 수치해석 방법

X 산사태 점검 사례

1. 공사개요 : 동해고속도로 건설공사 8공구 (2002. 8 ~

2. 문제점 및 원인

  1) 문제점 : 기습적인 폭우로 인한 Land side 발생

  2) 원인 : 산불로 인한 수목제거로 토질함수비증가

3. 해결방안 및 교훈

  1) 해결방안 : 수로시설. 식생공. Gabion 옹벽시공

  2) 교훈 : 집중호우 대비 예방적수집

― 끝 ―

집중호우로 인한 사면 붕괴 사례

2. 전율 증가방안
  1) 억제공법 (응급대책, 활동력 감소용) : 자연조건 개선
    ① 지표수 배제공 ② 지하수 배제공 ③ 배토공 ④ 압성토공
  2) 억지공법 (영구대책, 저항력 증가용) : 구조물설치
    ① 옹벽공 ② 말뚝공 ③ soil nailing공 ④ Anchor공

X 사면안정 해석 Program
  1. slope/w   2. PC-stable, 5M   3. DIPS

X 사면검토 방법
  1. 경험적 방법 : $SMR = RMR + (f_1 + f_2 + f_3) + f_4$
  2. 기하학적 방법 : 평사투영법
  3. 한계평형법 : Bishop법
  4. 수치해석법 : FEM, FDM, DEM, DDM

XI 현장경험 사례   사업복기
  1. 공사명 : 강릉 - 동해간 4차선 확장공사 (00건설 현장팀)
  2. 공사기간 : 1997 ~ 2002. 09
  3. 문제점 (사면붕괴 사례)
    - 2002. 6. 23 포항지역 집중강우 (2기에서로
    Ramp 48 표고(경사로) 42m에서 4m
    시공중 발생
  4. 대책
    - 시험 및 평사투영법으로 상관성 사면검수
    전(1:1.5 ~ 1:2.0) 및 수평하중 옹벽공
    수사려의 -3현상거리 이상없음 "끝"

벌개제근후 자연사면 붕괴 사례

	Ⅶ	사면안정 대책
		대책 ┬ 안전율 유지 - 비탈면 보강 - 식생공, 구교롱공
		└ 안전율 증가 ┬ 응급대책 - 지표수 배제공, 성토공
		└ 영구대책 - 옹벽공, 말뚝공, soil nailing
	Ⅷ	사면안정 검토 방법
		┌ 경험적 공석 - SMR → 수정된 록 변형 못함(RMR)
		│ 기하학적공석 - 사면, 불연속면(주향, 경사) → DIPS
		│ 한계 평형법 - 펠러니우스의 절편법
		└ 수치 해석법 - FEM, FDM, DEM, DDM
	Ⅸ	사면안정 검토 program
		1. slop/w 2. pc-stable
		3. FLAD - 2D ┐ 지반변형
		FLAD - 3D ┘
	Ⅹ	시공전 절공 호우로 인한 자연사면 붕괴 사례
		1. 공사명 : 군장산업도로
		2. 공사개요
		(1) 대절토 사면 구간 : 1.5 km
		(2) 토공 착용전 벌개제근 실시 ← 지반 연약화
		3. 피해 현황 (1997년 8월 장마철 집중호우)
		대절토 사면 1.5 km 구간중 300m 사면붕괴
		4. 문제점
		(1) 사면 붕괴로 인한 선정 관리지 매몰
		(2) 용지폭 - 확대로 인한 추가 투입비 발생
		(3) 사면 절취 공법 변경. (구배 : 1:1.5 → 1:1.8
		보완 : coir net → soil nailing
		⊕ 녹생토

절토사면 붕괴 사례

지질	풍화암, 사질토	파쇄대, 연약질	
지형	급경사 (30°이상)	완경사 (5~20°)	
토질	불연속층	불균질	
속도	순간적	느리다	
규모	작다	크다	

전토사면붕괴

5. 해결 방안
  (1) 주민설득을 통한 피해보상
  (2) 사면 구배 조정으로 녹지 추가매수
  (3) 사면 보로공법 채택 - Soilnailing + 녹생토 (상단)
                        Gabion 옹벽 설치 (하단)

6. 현장 기술자로서의 교훈
  (1) 시기를 감안한 절토시점 선정 (장마철 피할것)
  (2) 시공전 추가조사를 통한 지질 분석 → 설계 타당성
                                    검토

자연사면 붕괴 예방 실패 사례

구분	Land slide	Land creep
원인	집중호우, 지진	강우, 융설, 지하수 상승
발생시기	호우 中	강우후 일정시간 경과
지형	급경사 (30°이상)	완경사 (5~20°C)
토질	불연속면	점성토, 면적넓이 활동면
속도	빠르고 순간적	느리고 연속적

Ⅷ (SMS (Slope Management System)에 의한 유지관리 ✓

Ⅸ 사면 해석 Program. ✓

ⅰ. Slope/w   2. PCSTABL 5M   3.

X 자연사면 붕괴 예방 실패사례 ✓

1. 개요 : 1990 동화 DAM 여수로 성막 사면 Sliding 발생)

2. 개요 및 발생원인

　ⅰ) 규모 : L=200M, B=80M

　ⅱ) 발생원인 : 여수로 굴착으로 인한 진동 및 단층부 활동
　　　　　　　　(암반층 하부에 이탄층 존재) ✓

3. 붕괴 예방 실패 요인

　ⅰ) 사전조사 미비 (Boring 관경실로 이탄-미실시)

　ⅱ) 지속관리 시스템 미흡

　ⅲ) 판단 방법 잘못 (대규모 발파 시행)

🐾 사면붕괴 방지 사례

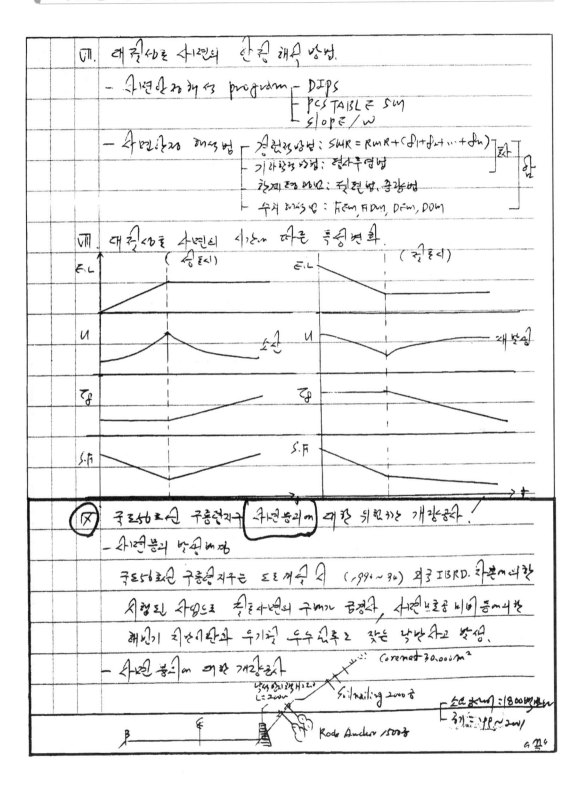

사면보호 및 보강공 현장적용 사례

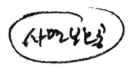

7. 우리나라 산사태의 특성

특성 - (산
           강두,

  1) 길이 : 20m 길이(전체의 50%)

  2) 폭   : 20m 이하(전체의 90%)

  3) 깊이 : 2m 이하(전체의 90%)

  4) 면적 : 일반적으로 2000㎡ 이하

8. 산사태발생 가능성도(Landslide Probability Map)

good !

  1) 작성주체 : 한국지질자원연구원, 자연재해 방재기술 개발사업단

  2) 이용방법 : 도면을 이용한 지역별 산사태 발생가능성 검색

  3) 작성원리 : 지형, 지질정보에 따른 발생가능성을 중첩하여 백분율로 표시

9. 사면보호 및 보강공 현장적용시 문제점 및 대책

  1) 실   태 : 연속체 사면해석을 통한 전단면 일괄 보강방안 적용

  2) 문제점 : 사면의 부분 낙석 및 낙반, 붕괴발생

  3) 대   책 : 불연속체 해석(평사투영법)을 통한 부분 차별보강안 수립

  4) 적용예

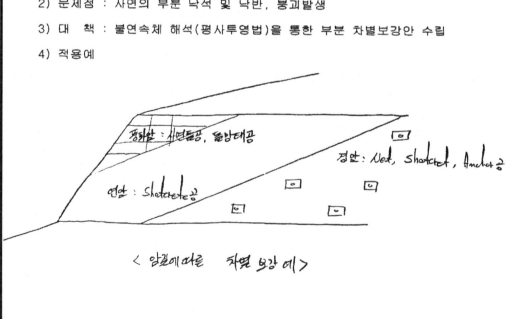

< 암질에 따른 사면 보강 예 >

피암터널 적용 사례

VI. 동결 심도 결정방법

① 기초 ┬ 현장조사에 의한방법 ┌ 동결 심도계
│   └ Test pit (굴착)
│
├ 동결지수에 의한방법 ─ $Z = C\sqrt{F}$ ┌ Z=동결심도
│   └ C=3~5
│
└ 열전도율에 의한방법 ─ $Z = \sqrt{\dfrac{48 \cdot K \cdot F}{L}}$ ┌ K=열전도율
                                                                  │ F=동결지수
                                                                  └ L=융해잠열

② 포장 ┌ 완전 방지법 ─ 1.20 m
       ├ 노상동결 관입허용 ─ 0.9 m
       └ 감소, 노상강도법 ─ 0.7 m

Ⅶ. 적용사례 → good

1. 공사명 : 북부 ~ 대전간 도로공사

2. 공사기간 : 2003. 12 ~ 2008. 12

3. 구간명 : ⬚피암 터널⬚

4. 동결 방지를 위한 배수처리 및 방수처리

설계	적용
뒷채움 - 잡석	조골재
배수관 - 유공관 1면	유공관 4면
	횡배향 1열
방수 - 쉬트방수	부직포 + 쉬트방수
내부배수 - 배수홈	배수홈 설치

-끝-

🐾 석축붕괴 방지 및 처리사례

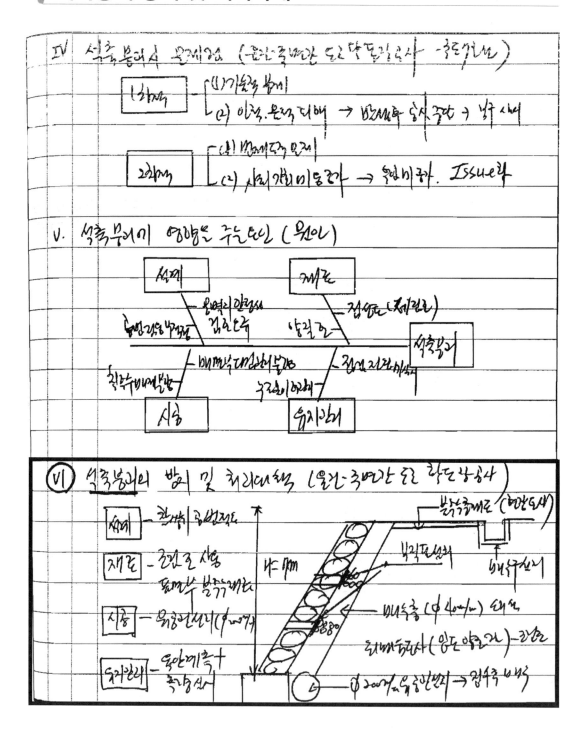

www.seoulpe.com
서울기술사학원
02-774-7483
www.seoulpe.com

21세기 토목시공기술사

Part 1

Professional Engineer Civil Engineering Execution

버킷 휠 굴삭기 (독일의 KRUPP사) : 240,000㎥/일

Crusher 운영 사례

⑥ Crusher 운용시 主意, 事項.

1. 비산 먼지 발생시 살수 선시 할것.

2. 안전수칙 준수 → 작업시작전 Tool Box meeting 선시.

3. Concrete 그냥 타름 되게 → 골재사용 손비 후 세척후 골재사용.

4. Crushing 후 남은 쇄번 재활용(재생골재) 活用.

⑦ 경부고속 철도 5-1 공구 [Crusher] 운영 사례.

1. 공사개요; 경부고속철도 5-1 공구 ~~현대건설사~~ 한당사, 1992 - 1997.2.

2. Crusher 종류; 이동식 Crusher.

3. 원칙; T/L 발파후 버럭 Crushing → 골재생산.

4. Crusher 운영시 문제점; T/L 만원에 따른 원석 부족.

5. 원인; 반다시 주번 소음.진동에 따른 평원 만원 공사중단.

6. 대책; 먼공구 원석 사용 운반거리 등 공사비 ~~增大~~ 增大.

끝

토공계획 시 운반장비 선정 사례

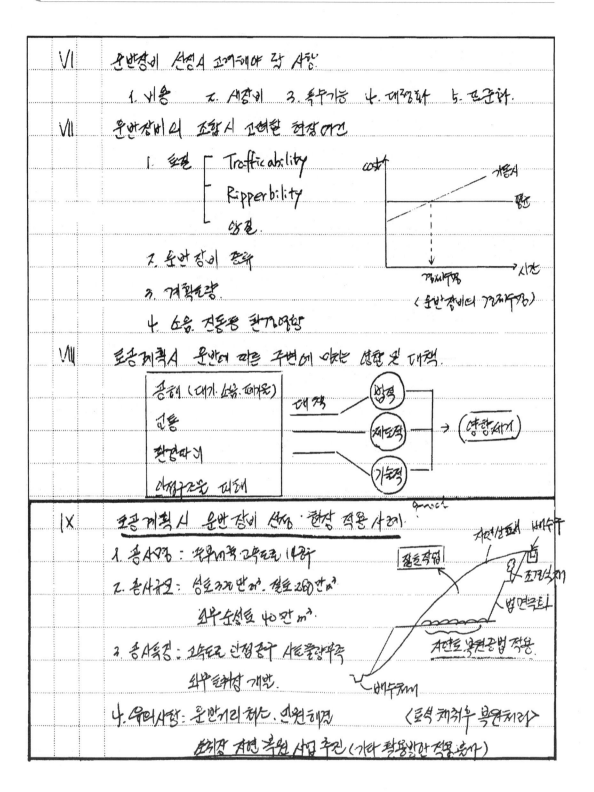

VI 운반장비 선정시 고려해야 할 사항

   1. 비용   2. 세장비 3. 운두기능 4. 대징타수 5. 표준화

VII 운반장비의 조합시 고려할 현장여건

   1. 토질 ┌ Trafficability

           ├ Ripperbility

           └ 암질

   2. 운반 장비 종류

   3. 계획토량

   4. 소음·진동등 환경영향

〈운반장비의 경제수명〉

VIII 토공계획시 운반에 따른 주변에 미치는 영향 및 대책.

공해 (대기·소음·폐유)	
교통	
환경파기	
인접구조물 피해	

대책 — 법적 / 제도적 / 기술적 → (영향평가)

IX 토공계획 시 운반 장비 선정·현장 적용 사례.

   1. 공사명 : 원주·강릉 고속도로 14공구

   2. 공사규모 : 성토 320만㎡, 절토 280만㎡

          좌우 순성토 40만㎡

   3. 공사특징 : 고속도로 인접공구 사토물량부족

          좌우 토취장 개발.

   4. 유의사항 : 운반거리 최소, 민원해결

〈토석 채취후 복원처리〉

      현장 지역 주민 사업 추진 (기타 활용방안 적용 공사)

🖊️ 건설기계 실조합 사례

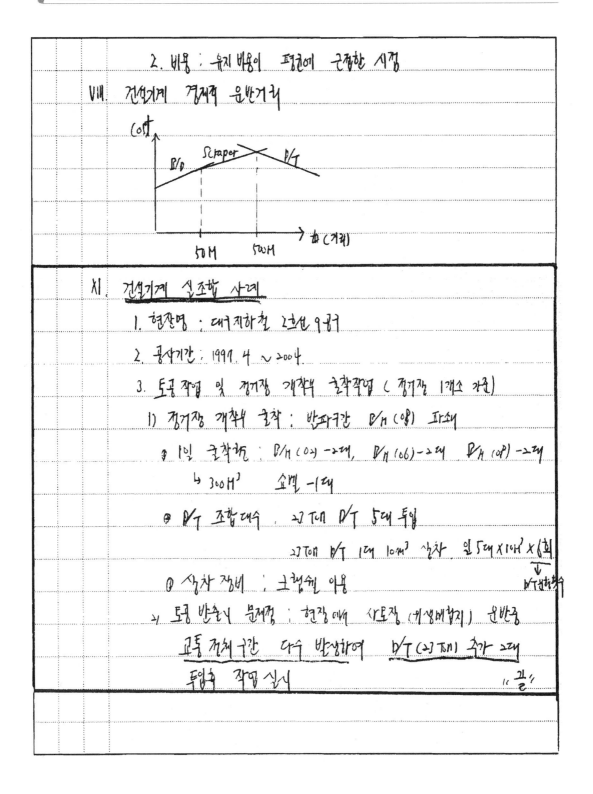

2. 비용 : 유지 비용이 평균에 근접한 시점

Ⅷ. 건설기계 경제적 운반거리

Cost

B/D   Scraper   D/T

50M   500M   #(거리)

Ⅺ. 건설기계 실조합 사례

1. 현장명 : 대지하철 2호선 9공구

2. 공사기간 : 1997. 4 ~ 2004.

3. 토공작업 및 정거장 개착식 굴착작업 (정거장 1개소 기준)

1) 정거장 개착식 굴착 : 발파구간 B/H (열) 파쇄

● 1일 굴착량 B/H (0열)-2대, B/H (06)-2대 B/H (열)-2대

ㄴ 300M³   쇼벨 -1대

● D/T 조합대수, 고개 D/T 5대 투입

고개 D/T 1대 10M³ 상차, 1일 5대×1대×1회

● 상차 장비 : 그랩쉘 이용   D/T 상차횟수

2) 토질 반출시 문제점 : 현장 외 사토장 (기생매립지) 운반중

교통 정체구간 다수 발생하여 D/T (고개) 추가 2대

투입후 작업 실시   "끝"

건설기계 선정 실패 사례

<table>
<tr><td colspan="6">기) 골자 규모별 장비 선정 (표준장비)　　　CFRD</td></tr>
<tr><td>구 분</td><td>본체중량</td><td>벽 호</td><td>덤프능력</td><td colspan="2">계　　요</td></tr>
<tr><td>소규모</td><td>18^t</td><td>$0.40m^3$</td><td>8^t</td><td colspan="2">운반거리: 급경사)13tan 평야)</td></tr>
<tr><td>중규모</td><td>$1A^t$</td><td>$0.70m^3$</td><td>$8{\sim}15^t$</td><td colspan="2"></td></tr>
<tr><td>대규모</td><td>32^t</td><td>$1.0m^3$</td><td>15t이상</td><td colspan="2"></td></tr>
</table>

4. 건류·소음 억제책 〈기종별〉

시) Pile 항타기: 유압식 hammer

의) 굴착 천공시: 압밀식 → water jet, 진동식

(다) 건설기계 적정 배치 〈표면 Dam face conc.〉

1. 공사명: 표면 Dam face conc. 타설

2. 기 간: $88.7 \sim 88.3$

3. 공사량: conc. 외 천 m^3

4. 장비 편성 ┌ 타워크 $15 \times 1.5m$ 1대
　　　　　　├ 견인: 유압 jack $15^t \times 2$ 대
　　　　　　├ slip form 1대　　 경사부 winch: 1대
　　　　　　├ slip form paver용 원치 2대
　　　　　　└ 진동기 2대 　　: 시공속도(평균): $1.70m/hr$

(마) 건설기계 선정 실패 사례 〈항타기 선정 잘못〉

1. 공사명: 국도개설 연약 2개소 P.Ile 항타

2. 기 간: 202. 2 ~ 202. 6

3. 실 패 사례 → 소음과 부주 공해로 Disel hammer 항타기선정 신규

ㅇ 지반 미산정 민원 발생 → 항타공사 1개월

4. 대 책: 항타기 교체 → 유압 hammer

다. 교 훈: 연약 환경공해 영향 항타기 선정

토공사 장비선정 검토사례

Ⅳ. 토공사에 투입되는 장비선정 및 고려사항 (경교OO도 현장 事例 中心)

　　1. 토량의 토질 : 일반토 (60만 ㎥) , 토취사공구비 25%)

　　2. 토질 상태 : 풍화암 (15만 ㎥) + 토사 (45만 ㎥)

　　3. 토량의 운반거리

　　4. 소음 / 작동토질 : 가설방음벽 설치

　　5. 기타

Ⅴ. 토공사에 투입되는 장비의 작업능률 향상 방안 (경교OO도 현장 事例 中心)

　　1. 작업능률의 개선방법

　　2. 가동율 개선방안

　　　1) 장비의 토질 적응을 위해 Ripper 의 병행

　　　2) 예비 장비 2대 정도 투입

　　3. 사건율 개선방안

　　　1) 작선 ⇒ 보조거지의 가도포장 시행

　　　2) 산반이후 15TON D/T 이용

　　4. 사용방법의 개선방안

　　　1) 토층운반시 중량고려 우회도로

　　　2) 야간작업 시행

🐾 토공 운반장비 변경 VECP 사례

Ⅵ. 상향1도계 추미애광장4차 운반장비 변경사례 · VECP 혹(例)

  1. VECP 사례 내용 : 도취광에서 추미애광구간까지

                       운반거리(L=20km)

          당초설계 ┐   변경사항 ┐

         도취광 ~ 세중가거지   비또정구간 가조또링
           (L=0.9km)   사행
            비또정구간

  2. VECP 효과

    1) 시공적 측면 : 운반속도 향상 (약 20km/hr 증대)

                   ⇒ 연간운반량 증가 (약 5,000m³)

                        ⇒ 공기단축 (약 3개월)

    2) 원가적 측면

      ① 원가자재이용 증가 : 가조또량(약 2.5억원)

      ② 공기단축에 따른 비용(장비) 절감 (약 15억원)

Ⅶ. 상향1도계 등의 운반변경에 따른 기술자의 대안

  1. 기술적, 개선   1) 도취광 및 사행 위치 파악

                2) 저체적/의 분산된 것 파악

  2. 관리적, 제어   1) 변위 관리 처리 (비상대처, 진동 소음등)

                2) 안전관리 대책 강구   〈끝〉

토공사 장비조합 변경 VECP 사례

Ⅵ. 김포ㅇㅇ 현장에서의 토공사 장비조합 변경 VECP 사례

  1. 공사개요 : 김포ㅇㅇ현장 개선공사 (Q = 67만㎥)

  2. 설계내용   ㄱ) 운반거리 : 13.7km

            ㄴ) 운반속도(V) $\Big[$ 20~30km/hr = 1.8km

                              $\Big[$ 10~15km/hr = 6.9km

  3. 개선VE수 내용

     1) 운반로변경 : 가도개설 축소 $\Big/$ 운반속도 증가 = 10~심야/hr 용량

                                     운반로 변경 : 우회거리이용

     2) 상차장비 및 운반장비 변경

당초	변경
상차 : B/H (1.0㎥)	상차 : B/H (2.6㎥)
운반 : D/T (15TON)	운반 : D/T (24TON)

  4. 개선효과

     1) 시공성 : 연운수반량 향상 (약 7000㎥/day)

     2) 경제성 : 운반주행거리 원가절감 (약 100만원/day)

                                           < 끝 >

연약지반 모래 부설 작업 시 장비 선정 사례

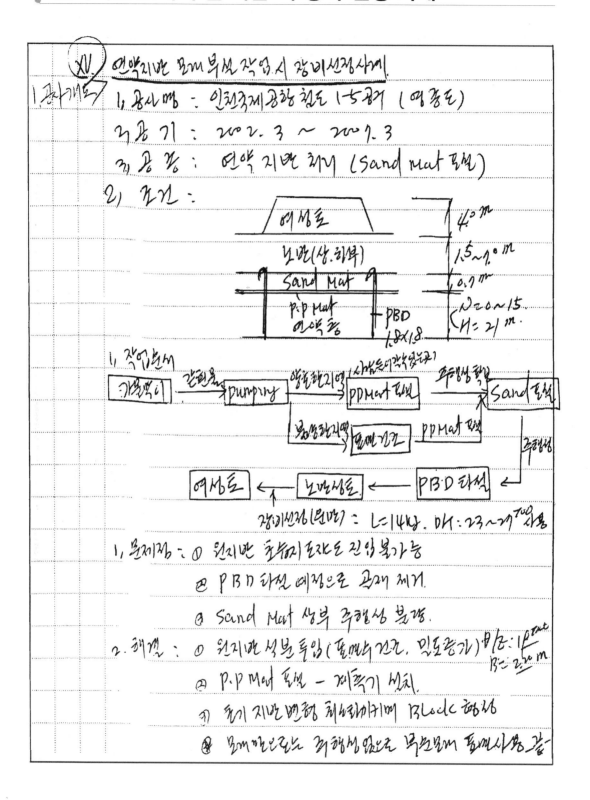

토공 장비조합 변경 VECP 사례

Ⅶ. 김포한강로의 토공계획 변경에 따른 장비조합 변경 VECP 사례

도취장
(Q=74만㎥)
- OMC=13.6%
- C=0.904
- L=1.10%

가교구간 5.9Km
제방1공구 8.7Km
김포한강로 무

〈당초〉
도취장 ⇒ 제방도로
내포장구조(t₂=28cm)

〈변경〉
가포장사용
L=5.9Km (t₂=25cm/hr)

1. VECP내용 : 도취장에서 제방도로前 운반도로 구성을

위해 가포장 사용

2. VECP 효과

1) 시공성 : 연속덤프운반량 증대(약 5,000㎥/day)

2) 경제성 : 시공속도 향상으로 원가절감
(약 2,500원/㎥)

〈끝〉

수중 암반 절취 기계 조합 사례

Ⅵ. 남제주화력 3.4호기 방각수 취·배수로 수중암반 절취 기계조합사례

  1. 공사개요 : 취·배수로 (Semi-shield 약 800m) 도달수 케이슨
              설치를 위한 수중 암반 절취 약 10,000m³ (30억원)

  2. 기계조합 : 작업용 바지선 1대 + 공기압축기 1대 + 착암기 3대
    (수중발파) + 예선

  3. 감사원 감사 지적사항 (2006. 12)
    1) 당초 : 암반 1m³ 당 착암기 0.313시간, 압축기 0.104시간
        작업용 바지선은 착암기와 동일한 0.313시간 적용

    2) 지적사항 : 착암기는 3대이므로 0.313÷3 =0.104시간
        따라서 작업용 바지선도 0.104시간 적용

  4. 조치사항 : 당초대비 약 6.2억원 축소 (변경)

  5. 교훈 : 태단위 토공사시 건설기계 작업능력에 따라 공사비
        변동이 크므로 적정 시공능력 선정 및 검증 철저

Ⅶ. 건설기계 최적 조합을 위한 제언

  1. 법적·제도적 : 1) 실적공사비 적용 확대
               2) 시공효율 향상을 통한 공사비 절감시 Incentive

  2. 기술적 : 1) 대형 장비 개발
            2) Robot을 활용한 자동화시공법 연구

                                      끝.

Part 1

Professional Engineer Civil Engineering Execution

부산신항 : 안벽 6.35km, 방파제 1.5km

적정성 분석기법 적용을 통한 계측관리 개선 사례

① Vibro Floation (수평진동)

② Vibro Composer (수직진동)

③ Percussion Type(충격식)

2) SCP 공법의 문제점

- 토층에서 1~2m 구간은 (Arohing Effect 에의한
  간섭효과에 의한 사용곤란   SCP 공법의 효과)

8. 현장책임기술자로서 연약 사질토 지반의 시공관리

  1) 계측을 통한 안정 과 침하 관리. 시공시   발산(파괴)

  2) 안정관리 정양적 : 범위내 check   불안정

         정성적 : 수렴, 발산   응급   안정

  3) 침하관리 : Hoshino, Asaoka, 쌍곡선법   수렴   시간

연약지반

  ⑨. 적정성 분석기법 적용을 통한 계측관리 개선사례 (good)

   1) 공사명 : 여천 확장단지 조성사업 ('90연)

   2) 문제점 : 침하량 산정방법인 Hoshino 법. Asaoka법

         쌍곡선법의 측정값이 각각 달라 추가 성토량

         차이 및 압밀대기시간 차이 발생

   3) 개선내용 : ① 활용법이 가장높은 Asaoka. 쌍곡선법을 비교검토

         ② 상토하중의 연결관 6개소에서 시험계측 실시

         ③ Asaoka. 쌍곡선법의 침하량분석 값과 실제 계측치와의 오차분석

         ④ Asaoka 법이 쌍곡선법에 비해 오차범위 적음

         ⑤ Asaoka 법을 이용하여 추가성토량및 압밀대기시간 결정

   4) 개선효과 : ① 공사비 8억원 절감 및 공사기간 6개월 단축

         ② 상토처리등 환경개선 효과 및 계측기술 향상 도모   끝.

연약지반 전단파괴 사례

1) 공사명 : 중앙고속도로 4차로 확장공사 현장

2) 근무기간 : 1996년 ~ 2000년 (당시 직책 공사차장)

2. 발생현황 : 연약지반 미처리로 인한 전단파괴 발생

3. 원인 및 문제점

1) 설계도서 검토 미비사항으로 <u>연약지반 지역이 공구경계로</u> 1공구는 연약지반처리 (S.C·P + S.D + Sand Mat + P.E.T. Mat) 후 성토시공 (H = 10M) 하였으나

2) 본 용시공이 담당하던 2공구는 연약심도가 낮고 연장이 좁아 (D = 0~7M, L=70M) 연약지반 처리없고 성토시행중 인접공구인 2공구지역 (약 L=50M) 까지 전단파괴 발생

(성토체 Crack 및 Sliding, 성토지면 외부 heaving 발생)

4. 조치사항

전단파괴된 성토체를 원지반까지 제거후 연약지반처리 재시공후 단계 성토시행

5. 세부시행순서

전단파괴지역조사 → 성토체 제거(원지반) → 지반조사 및 실내시험 → 재설계 → 연약지반처리 (S.C.P + S.D + Sand Mat + P.E.T Mat) → 계측기 매설 → 계측분석 (안정성판단) → 단계별 성토

6. 교훈

1) 현장 공사 책임자로서 설계도서 및 시방서등 철저 검토

2) 작은 문제라도 철저히 분석하여 대책 마련

Preloading 공법 적용 사례

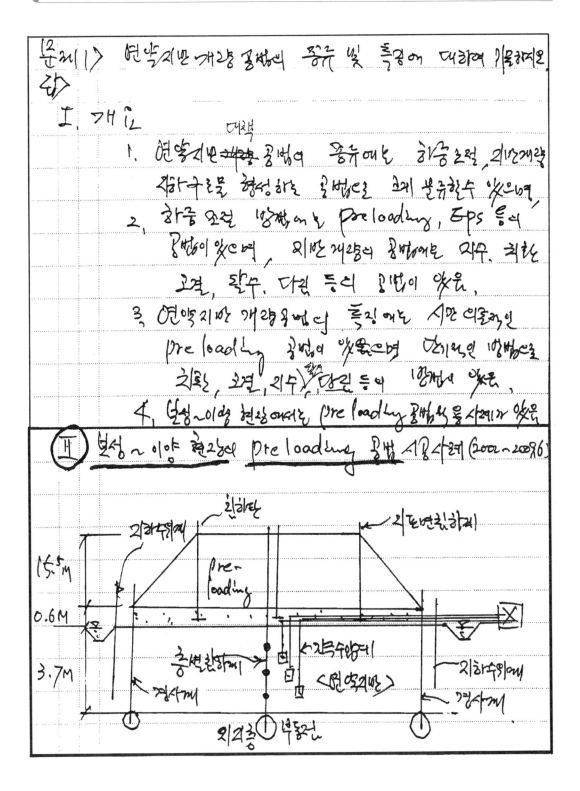

[문제1] 연약지반 개량 공법의 종류 및 특징에 대하여 기술하시오.

[답]

I. 개요

1. 연약지반 개량 공법의 종류에는 하중조절, 지반개량 감하구조물 형성하는 공법으로 크게 분류할수 있으며,

2. 하중조절 방법에는 Preloading, EPS 등의 공법이 있으며, 지반개량의 공법에는 치환, 고결, 탈수, 다짐 등의 공법이 있음.

3. 연약지반 개량공법의 특징에는 시간 의존적인 Preloading 공법이 있으며, 단기적인 방법으로 치환, 고결, 지수, 당힘 등의 공법이 있음.

4. 보성~이양 현장에서도 Preloading 공법의 적용사례가 있음.

Ⅱ 보성~이양 현장의 Preloading 공법 적용사례 (2002~2008년)

진공압밀 공법 적용 사례

전시측정 ─ 레벨에 대한 침하계 - 지표·심층
├ 리중앵카 - 하중·연측
├ 측면 - 침하오차·크로소압
└ 수압계 - 수압·연통관식

침하량 $S_c = \dfrac{C_c}{1+e}H \cdot \log\dfrac{P+\Delta P}{P}$ $\quad 시간=\dfrac{T_v}{C_v}\times Z^2$

Ⅲ 연약점성토 매립지역의 연약지반 개량공법의 분류 ($\tau = c + \sigma \tan\phi$)

지반개량공법 ─
├ 치환 ── 강제치환·초속시공 $\phi\uparrow, c\uparrow$
├ 지수 ── 약액주입해면 $u\downarrow$
├ 고결 ── 동결·소결 $c\uparrow$
├ 탈수 ── 진공압밀·preloading해면 $u\downarrow$ ($u, \Delta u$)
└ 다짐 → 해당✕ $\phi\uparrow$

Ⅳ 연약지반 개량수법중 진공압밀 해법의 특징 (당현만 컨테이너 부두 3-2단계)

1. 원리 - 진공 (대기압) 이용 그배그리아
2. 구성요소 - 진공막· pump· 응기라인구· 벽· 배수층
3. 시공법 - 배수공설치 → Menold pipe 설치 → 배수층설치
   → 설치 → 공기소라인벽· 수 → 진공막 기 pump·q
4. 대책 - Sand Seam → 배수효과 저하
   장점 - 배수시간 단축
5. 리드 및 6측세

Sand Compaction Pile 공법 및 Sand Drain공법 병행 사례

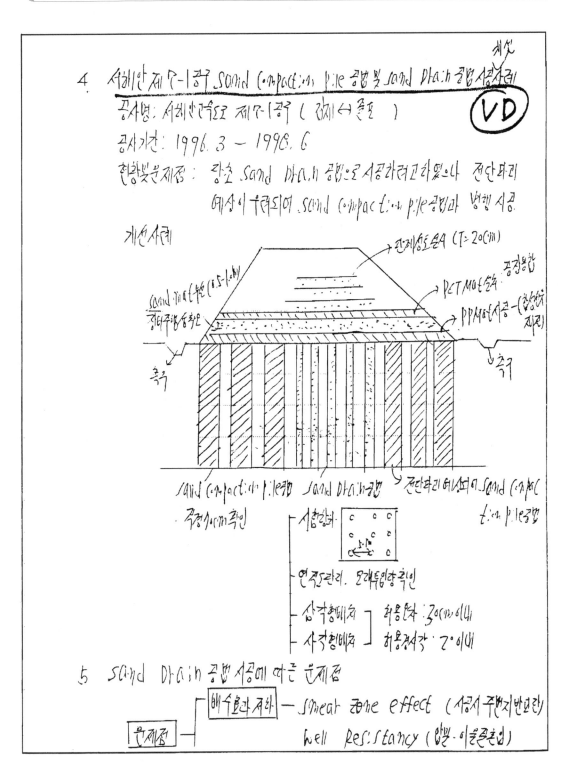

4. 서해안 제7-1공구 Sand Compaction Pile 공법 및 Sand Drain 공법 시공사례

   공사명: 서해안고속도로 제7-1공구 (간척지 용토)

   공사기간: 1996. 3 ~ 1998. 6

   현황및문제점 : 당초 Sand Drain 공법으로 시공하려고 하였으나 전단파괴가 예상이 우려되어 Sand Compaction Pile공법과 병행 시공.

   VD

   개선사례

   - 관제성토층A (T= 20cm)
   - PCT MAT부설
   - PP시어서공 (황성천 저지)
   - Sand 개비트층 (0.5~1.0m) 동태주변흡착및
   - 측구
   - Sand Compaction Pile공법 극정이에 확인
   - Sand Drain공법
   - 전단파괴 예상되어 Sand Compaction Pile공법
   - 측구
   - 시험강재
   - 연속5관리. 모래투입량확인
   - 삼각형배치 → 허용편차: 30cm 이내
   - 사각형배치 → 허용경사: 2° 이내

5. Sand Drain 공법 시공에 따른 문제점

   문제점 ─ 배수효과저하 ─ Smear zone effect (시공서 주변지반교란)
                             well Resistancy (양불 이물질혼입)

Well Point 공법 적용 사례

문) Well point 공법.

답)

I. Well point 공법의 정의

 - 지하수위가 높은 지반에 Well point 집수관을 지하수면 아래

 설치하고 진공 pump로 흡입, 양수하여 강제배수 하는 공법

II. 지하수위 저하공법의 분류

```
               ┌ 강제배수 ┌ [웰포인트]
수위저하 공법 ─┤          └ 진공deep 공법
               └ 중력배수 ─ Deep well
```

III. Well point 공법과 Deep well 공법의 차이점

구별	Well point	Deep Well	비고
✓ 적용지반	투수계수(k) > 10⁻⁴cm/sec k < 10⁻³	K > 10⁻³ c/s	Well point가
원리	강제 양수 잘배수 5~8cm	중력 배수	Deep well에
우물직경		0.3~1.5m	비해 경제적
배수심도	이론10m, 실제 5~6m	10m 이상 가능	

IV. 댐OO현장에서 적용한 (Well point) 모식도 - grid

(도면)

Tunnel

4~5m

세그먼트

반호관
라이닝
원지반

well point

모래채움

< 용산터널에서 적용한 well point 사례 >

누수 및 누수에 의한
타 유형영 (영구목적)
으로 ~ 적용

Well Point 공법 적용 시 붕괴 사례

Ⅴ. Well point 공법의 특징 (Well point)

　1) 장점

　　　① 시공속도가 빠름　　② dry work가 가능

　2) 단점

　　　① 주변지반 침하우려 → 복수공법 (Recharge) 병행 시공으로

　　　　　민원 발생 방지 필요.

　　　② 운전장비가 많이 소요되며 유지관리가 어려움

Ⅵ. Well point 공법 설계시 고려사항

　1) 각각의 Well 간격은 연약지반이 취선한 간격기 설치
　　　　　　　　　　　　　　　 0.9~1.8m

　2) Well point 타입간격은 주로 　　　　　점토이나

　　　지반의 특수성에 따라 결정해야 함

Ⅶ. Well point 설치깊이 결정에 고려사항

　1) 제안된 굴착심도의 최대깊이

　2) 굴착심도에서의 암반이나 점토층의 존재여부

　3) 모래층 사이에 어떤 점토층이나 불투수성거리 Sand seam 존재유무

Ⅷ. Well point 공법 시공의 주의사항

　1) 주변지반 침하 및 우물간섭에 따른 민원발생 예상시

　　　복수공법 (Recharge) 병행 시행

　2) 진공연결이나 pipe 기밀 유의 → 효과 떨어짐

Ⅸ. 현장 시공사례 (Well point)

　1) 공사명 : 지하철 ㅇ역에 통나무라 건설공사

　2) 문제점 : Well point 공법 적용의 벽면 분리 발생

　　3) 대책 및 교훈

　　　① 대책 : 약액주입 (LW) 보강선식

　　　② 교훈 : 시공전 토질조사 철저 및 성능에 따른 적외한 공법선식

문제에 너무 욕심 빠지지 말것.

EPS 공법 변경 사례

Ⅶ	EPS 시공시 유의사항	
	1. EPS 저장	2. 시공전 완충 처리
	3. 화기엄금	4. 연결부 시공철저 (연결핀 4개/1m²)
	5. 부력에 대한 충분고려	6. 경계성 완성
Ⅷ	향 후 전망	
(EPS)	1. 생산공장 체계 지속적 연구	
	2. 자재 싼값으로 대량생산	
Ⅸ	시공개선 사례 good!	
	1. 공사명: 한국국제전시장 전용 진출입도로 2차 (경기도 일산)	
	2. 공사기간: 2003. 7 ~ 2005. 3 (진행중)	
	3. 문제점: 당초 Pre-loading 공법으로 연약지반 처리후 교량 교대 및 구조물 시공후 도로옹 적용	
	4. 원인: 발주사의 독특한 공기로 강안조기 공기단축 가능한 대책공법 필요	
	5. 대책: 연약지반처리전에 교대 기초과일 시공을 착수하고 측방유동을 방지하고저 EPS 공법으로 변경시공	

EPS 설계 잘못으로 인한 공법 변경 사례

문제 1 EPS 공법

답)

I. EPS (Expanded Polystyrene)의 정의

　　Expanded Polystyrene Block을 이용하여 성토체는 또는
　　구조물 뒷채움재로 사용함으로써 자중을 감소시켜 토압을 줄이는 공법

II. EPS 제조방법

　　1. 형내 발포법

　　2. 압출 발포법

√ III. EPS 장·단점

change form

구분	장 점	단 점
EPS	초경량으로 토압 저감 효과	공사비 고가
	지반 침하 최소	화재에 취약
	공기 단축 효과	부력에 취약
	구조물 연직 저감 효과	변형에 약하나

IV. EPS 시공시 유의사항

　　1. 화기 엄금 (저장시)　　　　2. 시공전 확실 처리

　　3. 가공 절단은 공장가공 인가　　4. 시공중 EPS 위로 차량주행 금지

　　5. 기존 구조물과 접합 방법 검토

V. EPS 설계 잘못으로 인한 시공중 공법 변경 사례

　　1. 개요 : 2001년, ○○교 교대뒤 EPS 시공

　　2. 문제점 : 교대뒤 EPS 설계가 도로 끝단의 여유 부족

　　　성토체가 시공되고 법면 활동이 발생

　　3. 대책 : 성토체로 변경이 불가하여 법면변경 설치

EPS 적용 사례

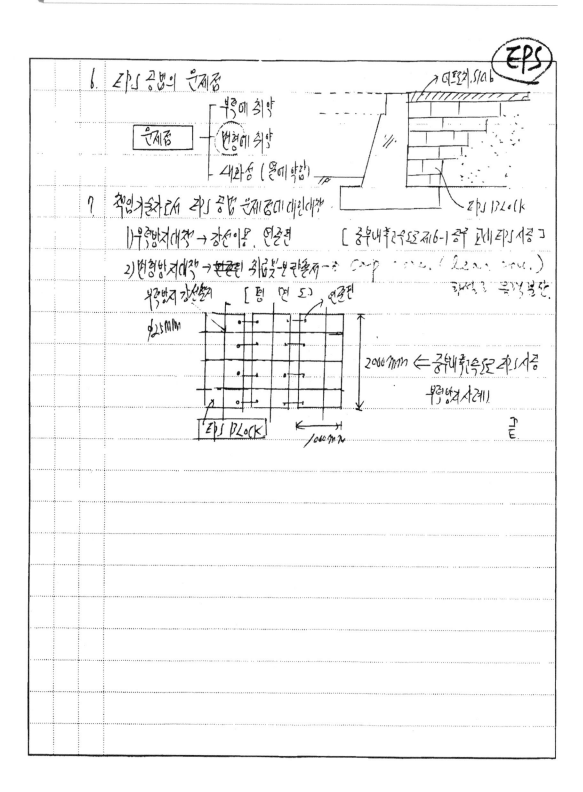

연약지반 개량 VECP 사례

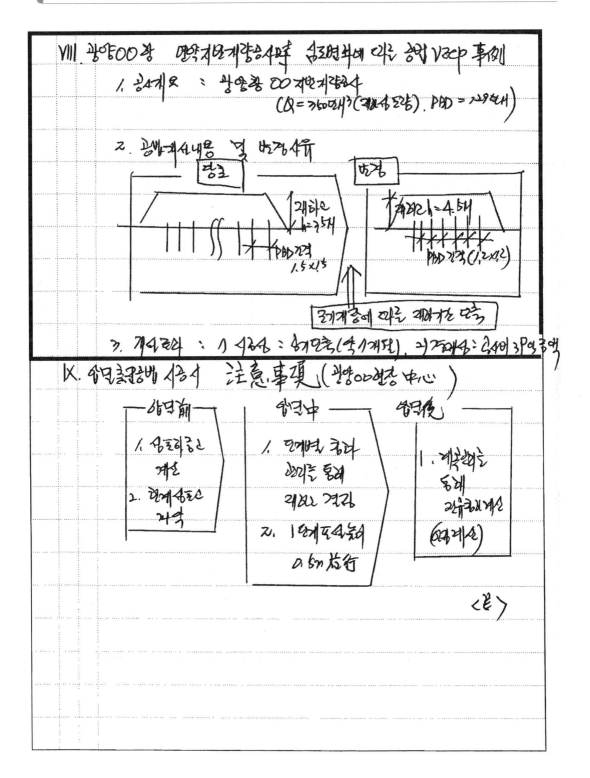

연직 배수공법 VECP 사례

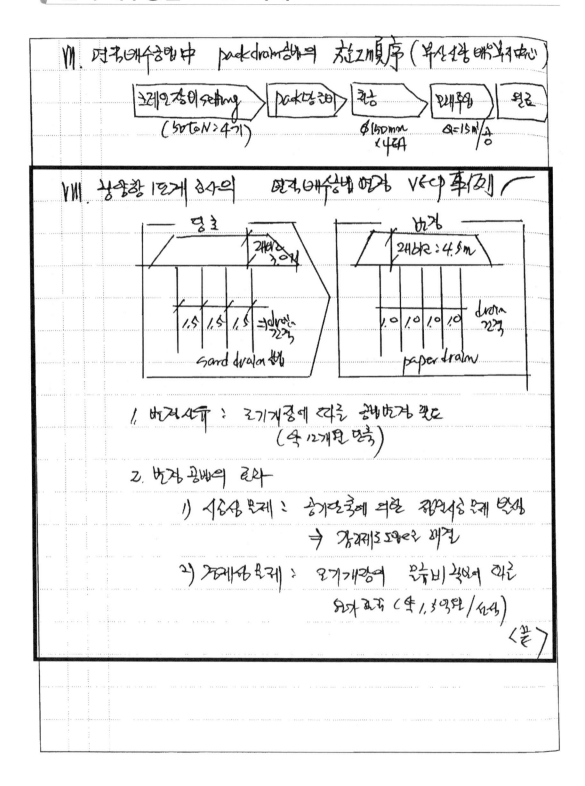

Ⅶ. 연직배수공법 中 pack drain공법의 施工順序 (부산신항 배후부지中心)

크레인 장비 setting → pack망 설치 → 천공 → 모래투입 → 완료
(50ton 4기)   Φ150mm   Q=15m/분
                     14EA

Ⅷ. 낭상창 1단계 8사의 연직배수공법 변경 VECP 사례

당초
2배0.2 3.0m
1.5 1.5 1.5
sand drain 배수

변경
2배0.2 4.5m
1.0 1.0 1.0 1.0 drain 간격
paper drain

1. 변경사유 : 2기개정에 따른 공법변경 필요
   (약 12개월 단축)

2. 변경 공법의 효과
   1) 시공상 문제 : 송기단축에 의한 잔여성 문제 변상
      → 감계체 5일으로 해결
   2) 경제성 문제 : 2기개정에 문류비 절약에 따라
      원가 절감 (약 1.3억원/1순위)
      〈끝〉

표층 처리 공법 적용 사례

		구분.	Sand Mat	안정재	비고
		안정성	양쪽시공	지반개량별도	친환경성여 Cost 과다.
		단면성	친환경	환경오염	
		지반적성	우려	분리(토사분리별)	
		적용여부	ⓞ		

V. 광양항 중측 배후단지 2단계 연약 표층 처리 방법의 측량

VI. 양양항 중측 배후단지 2단계 연약의 표층처리 방법의 적용성.

1. PP. Mat ⇒ 일반적 적용.

2. Sand Mat ⇒ 지반적정고려. 두께 0.5m 적용.
   대체로 1.0~1.5m 적용요.

3. 포설장비 ⇒ [자동산포용 준설선포기]

4. 유공관 매설 (φ200mm~) 침출수 배제.

5. 골재 산포 ⇒ 초기장비 진입시 Trafficability 확보

6. 계속시공 ⇒ 측량기 이용.

(지반개선방안 (함침거리 변약)
(지표배력하지 양면성

치환 공법 적용 사례

VIII. 연약지반 다짐 시공사례 [치환공법]

1. 공사개요

1) 공사명 : 남해고속도로 확장공사 (김해 ~ 냉정)

2) 공사기간 및 공종 : 1994 ~ 1998 (노초및 노상 성토다짐)

2. 문제점 및 원인

1) 문제점 : 성토재질 불량으로 부분적인 연약구간 발생

2) 원인 : 한강성토재 함수비 불량 및 다짐 불충분

3. 해결방안 및 대책

1) 해결방안 : 연약구간 제거및 양질토 치환 다짐실시
(예상지점 다짐시험및 proof Rolling 적극활용

2) 따짐, 교측 : 성토재 선별반입 및 함수비 과다토양은
습기제거후 사용 ○ 시험성토시 후 다짐은 관리
" 끝 "

약액주입공법의 적용 사례

	2) 공해 발생 : 수질 및 토양오염	
	3) 개량효과 및 개량성토 불확실 : 연약지반의 문제.	
⑥	약액주입공법의 Dam에서의 적용성	
	1) 현황 : 운문댐에서 200/연 약 40m³/day 의 누수량 발생	
	2) 처리방법 : 댐 정상부에서 1m 간격으로 중심 Core부에 Cement	
	성분의 약액을 저압 (약 1~2kg/cm³)으로 Permitation	
	Grouting 을 시공.	
	3) 효과 : 침윤선을 저하시켜 Piping 에 의한 누수 방지	
	끝	

JSP 주입 사례

Ⅷ	약액주입공법의 문제점
	내구성 짧음: 6개월 ~ 2년정도
	공해문제 : 수질오염, 토양오염
	불확실성 : 개량범위, 개량강도
Ⅸ	약액주입공법 mechanism
	착안 → 지반고결 → 착안간격 수 → 토압 ↓ → Heaving ↓, ↑
	지하수 → 착안 → 지반투수성 ↓ → 누수 ↓, Boiling ↓
Ⅹ	약액주입공법 사용시 주의사항
	1. 시험주입 (Test grouting) 실시
	2. 약액의 혼합 및 용량에 주의
	3. 반응성이 큰 경화제 사용
	4. 물유리계 농도조절
	5. 환경오염에 주의
Ⅺ	약액주입공법의 용도
	1. 흙막이공의 Heaving 방지 2. Under pinning
	3. 토류벽의 토압경감 4. 잠기문의 차수
	5. Shield 터널 굴진
Ⅻ	시공경험 사례 (약액주입)
	1. 공사명 : 서울외곽 순환 고속도로 공사
	2. 공사기간 : 1992 ~ 1996
	3. 문제점 : Box구조물 사이 인근주택 균열 및 침하우려
	4. 원인 : 차수력 부족 및 지하수 유출
	5. 대책 : LW 1열 설계를 JSP 2열로 차수공법 변경
	6. 교훈 : 시험시공을 통한 주입효과 검증필요

약액선정의 실패 사례

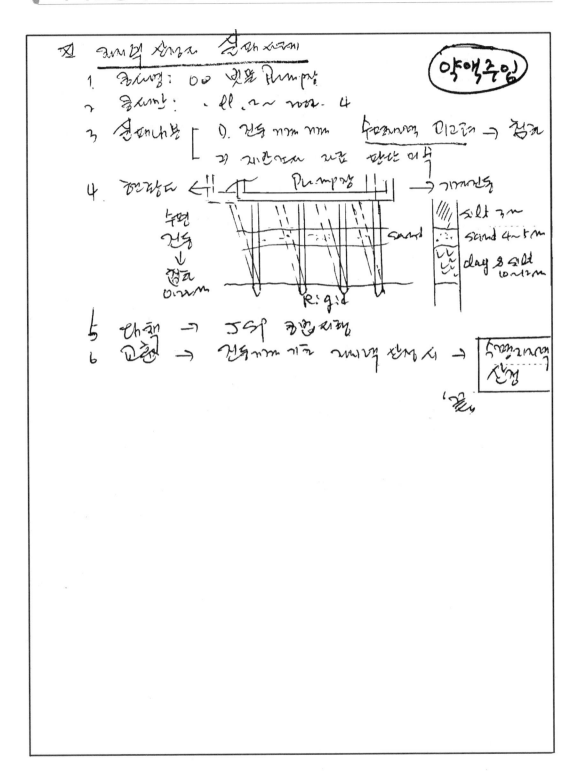

LW, SGR 공법 적용 사례

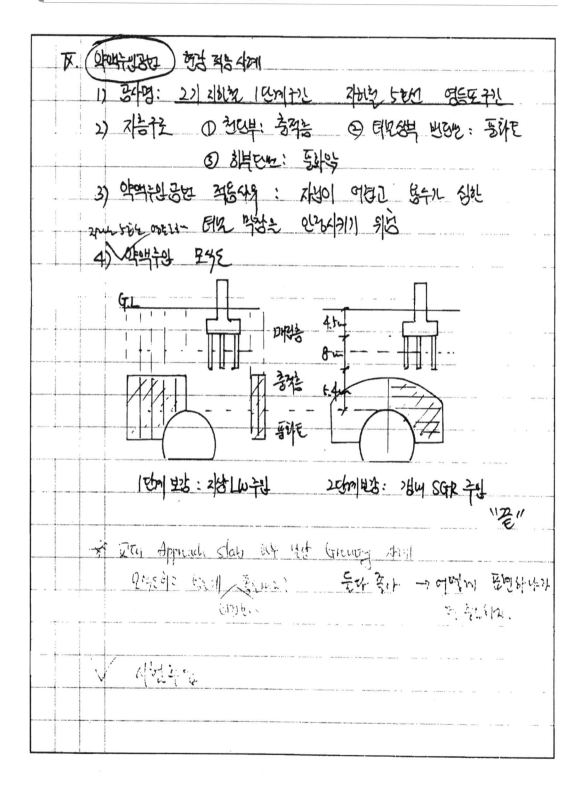

Ⅸ. 약액주입공법 현장 적용 사례

1) 공사명 : 2기 지하철 1단계구간 자하철 5호선 영등포구간

2) 지층구조 ① 천단부 : 충적층 ② 터널생벽 반단면 : 풍화토
③ 하부단면 : 풍화암

3) 약액주입공법 적용상황 : 자반이 여리고 용수가 심한
자하는 5호선 영등포 터널 막장을 안정시키기 위함

4) 약액주입 모식도

1단계 보강 : 지상 LW주입   2단계보강 : 갱내 SGR주입

"끝"

★ 교대 Approach slab 하부 보강 나나박공 사례
모델호하는 었게 풍파트?   동상 롱마 → 여멀기 편먼하느가
지 충나이고.

✓ 신연후음

Geotextile 적용 사례

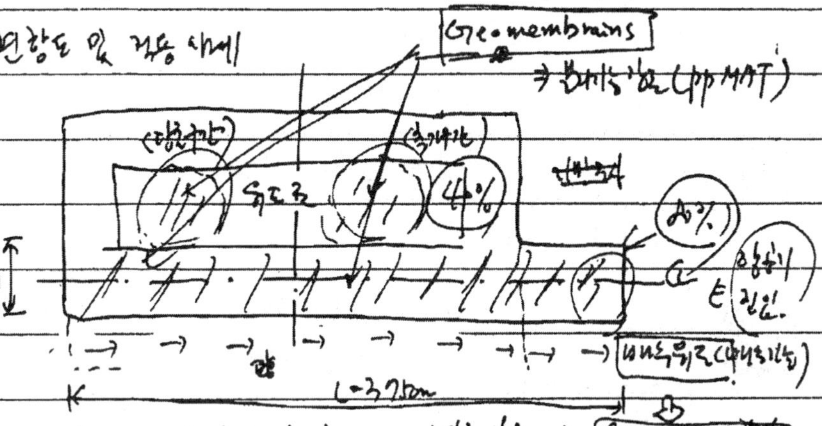

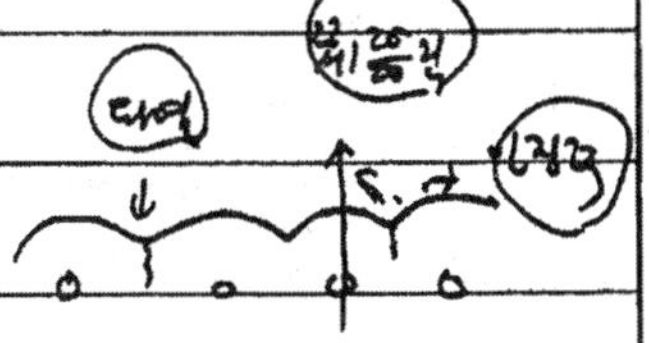

쓰레기 매립장 침출수 억제 사례

I. 쓰레기 매립장의 악영향

　　1. 공학적 - 쓰레기의 침출화 + 처리의 어려움
　　　　　　　└ 2차적 오염배출

　　2. 사회적 ┌ 인근주민 민원소명
　　　　　　　├ 환경대책
　　　　　　　└ 지속적 반한방안

Ⅱ. 쓰레기 매립장의 침출수 억제 대책

　　1. 기술적 측면

　　2. 법제도적 측면

　　　(1) 쓰레기 매립장 설치기준(허가) 강화

　　　(2) 쓰레기장 유료시 (매립비) 주변 환경영향 평가가 철저

　　　(3) 정보의 적극 배려가 강화 → 인식도 증진

　　　(4) 탄장에 대한 인식사항 ⇒ 정부, 민관청, 시공사

　　　(5) NGO 등 시민단체 참여 유도

진동 침하 방지를 위한 치환 사례

VII	액상화를 방지하기 위한 대책	
	1. 밀도증가 방법 : Vibro Floatation, 무리말뚝, 모래다짐말뚝	
	2. 압축량 및 고결공법 : 동결, 주입	
	3. 배수공법 : Well point, Deep well 적용	
VIII	액상화 정토 방법	
	정밀법 : 지반응답 해석법, 진동 3축압축시험	
	간이법 : D50이 0.05~0.2mm 사이에 있으면 변상우려.	
	액상화 등가전단응력에 방법, 전단저항법	
IX	지반개선사례	
	1. 공사명 : 공촌 하수처리장 건설공사 (인천광역시)	
	2. 공사기간 : 1995 ~ 1999	
	3. 문제점 : 기 시공 관로 침하	
	4. 원인 : Vibro Hammer를 이용한 sheet pile의 타입 및 인발시의 진동	
	5. 대책 : 기초재료를 대석으로 변경 시공	
	6. 교훈 : 진동으로 인한 지반영향의 최소화 방안 연구필요	

연약지반 교대 시공 실패 사례

(연약지반) (교대시공)

Ⅹ. 연약지반 교대 시공 실패사례   good!

1) 공사개요 : 중부내륙 고속도로 충주-상간 11공구
       (1999. 10 ~ 2002. 12)

2) 문제점 : 연약지반 교대 뒤채움시 수평변위에 따른
       shoe 이동 파괴사례

3) 대책 : EPS 경량성토 + 하부지반 JSP 보강처리

   ┌ 성토치환 ─ 폭 10m. 높이 6m
   └ 하부 JSP ─ C.T.C 0.8m. (교대전면 2열 @ 10m
                      (교대배면 20개 @ 10m

4) 실패에 따른 추가소요비용 및 시공기간
     ① 공사비 : 8억 5천만원   ② 공사기간 : 4개월
   5) 교훈 : 예방차원에서의 인정, 침하 볼 계속관리

Ⅺ. 연약지반에서 교대시공시 대책공법 적용방법

1) 특정적인 공법보다는 여러공법을 병행하여 적용하는것이 유리
     ① SCP + ESP   ② SCP + pile slab
     ③ SCP + preloading   ④ SCP + 치환공법 (slag 등)

2) 현장여건을 고려하여 적용공법 선택

Ⅻ. 확인측량 역계를 위한 대책공법 선정시 검토항목

1) 침하량 (Sc) = $\frac{C_c}{1+e}$ · H · log $\frac{P+\Delta P}{P}$ (cm)

2) 침하시간 (A) = $\frac{T_v}{C_v}$ × H² (압 밀도 시간)

3) 압밀도 (Ū) = 1 - $\frac{u}{u_o}$ ‖끝‖

교대 측방유동 방지 설계 변경 사례

Memo

※1. <u>연약지반상의 교대 측방유동 방지 설계 변경사례</u> good!

1. 공사명 : 군장산업도로

2. 구조물 : 교대 (B=28.0, H=5.5 서틀 5개 교량)

3. 문제점

    ① 연약지반에 시공함으로 측방유동 가능성 높음

       → 검토결과 측방유동 발생

    ② 대책 공법 검토 요함

4. 해결방안

    당초 : 공재 뒷채움

    변경 : EPS Block 설치 (뒤길만의 $\frac{1}{100}$) → 측방유동 방지

5. 현장에서의 EPS Block 시공시 문제점

    ① 전문건설업체의 기술 수준 저하

    ② 구조물 밑면 (날개벽, Bracket라인)등은 EPS Block 과의 틈발생 → 장기침하

    ③ 되공 접속부 다짐 곤란 → 침하 유발

6. 변경기술자로서의 교훈

    연약지반상의 모든 구조물은 침하, 안정, 측방유동의 문제점이 있으므로 설계때 검토 및 시공시 계측을 통한 종합적으로 관리가 요함

(교대측방)

교대측방 유동에 의한 재설계 및 시공 사례

```
                    - SCP 공법 -                    - LW 공법 ( SIG 공법 ↔ 효과적 )

              3. 교대 형식에    의한 대책
                 - 벽식교대 지양              - 소형교대 설치
                 - AC형식의 교대 적용          - 교축방향의 길이 증대 ( 선지서 반영 )

              4. 기초 저항력의 증가
                 - 치어슨 기초 지양            - Pile slab 공법
                 - Invert slab 공법 (상부 slab 동바리 시공) - Pile 수량 증대
```

Ⅷ. 연약지반 교대축조시 측방유동의 검토 방법   【연약지반 설치한 교대 기초 설계】

1. 측방유동지수 (F) 에 의한 판정   ┌─────────────────┐
                                        │ 지반 구조물 및 하중조건 검토 │
2. 측방유동 판정지수 (L) 에 의한 방법   └─────────────────┘
                                                  ↓
3. 수정 측방유동 판정지수 (MIL)-한국도로공사   ┌──────────┐
                                        │ 기초형식 결정 │
4. 미연방도로국 (FHWA) 기준   └──────────┘
                                                  ↓
5. CHAMP 프로그램   ◇ 유동판정 선계 ◇ ──→ N.G ──┐
                                                  ↓ OK   대책
6. 원호활동 파괴에 대한 안전율   No   공법
                                    ◇ 측방유동 판정 ◇   검토
Ⅸ. 교대측방 유동에 의한 재설계 및 시공사례 ↓ Yes   N.G ──┘
                                         ◇ 수동판정 선계 ◇
1. 공사명 : 인천LNG 인수기지 호안 및 접안교 축조공사 ↓ OK
2. 공사기간 : 1991. 9.1 ~ 1997. 10. 31   ┌────────┐
                                        │ 선지 완료 │
                                        └────────┘
3. 규모 : 진입교 입구부 교량 (   )
4. 문제점 : 배면 성토 완료후   유동발생 (횡방향 : 5cm , 종방향 : 15cm) 수동면에 반영
5. 원인 : 연약 지반 (N치 : 0~4) → 성토하중 작용 → 측방유동압 → 말뚝의 수평변위
6. 대책 ┌ 기초 pile 재료변경 : PHC (∅500) → SP pile (∅812.8 ×16t)
        ├ 기초 수량 변경 : 2ABUT, 1PIER → 2ABUT , 2PIER
        └ 교대 연약지반부 지반개량 : L.W Grouting 시공
7. 교훈 : 공사 착수전 천저반 사전 지반 검토의 요구.

                                                    "끝,"

측방유동으로 인한 재시공 사례

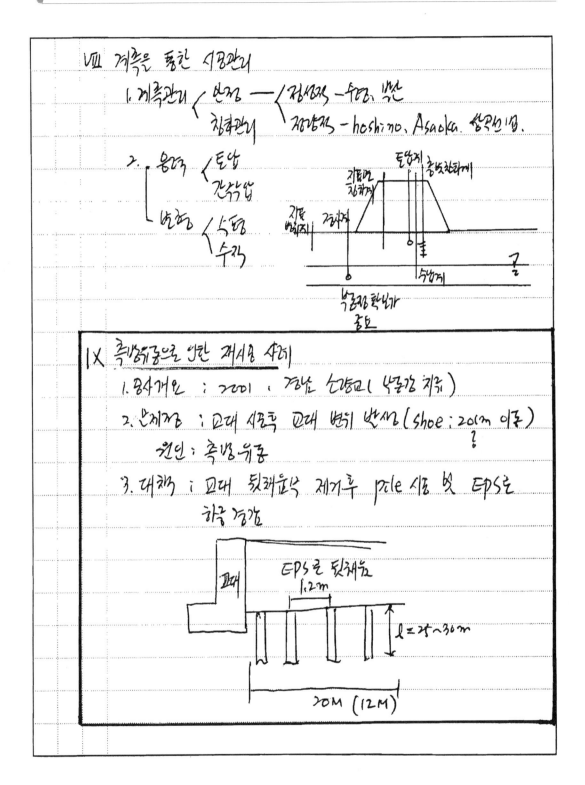

Part 1

Professional Engineer Civil Engineering Execution

가설 흙막이 : Soil Nailling 공법

중력식 옹벽 전도 사례

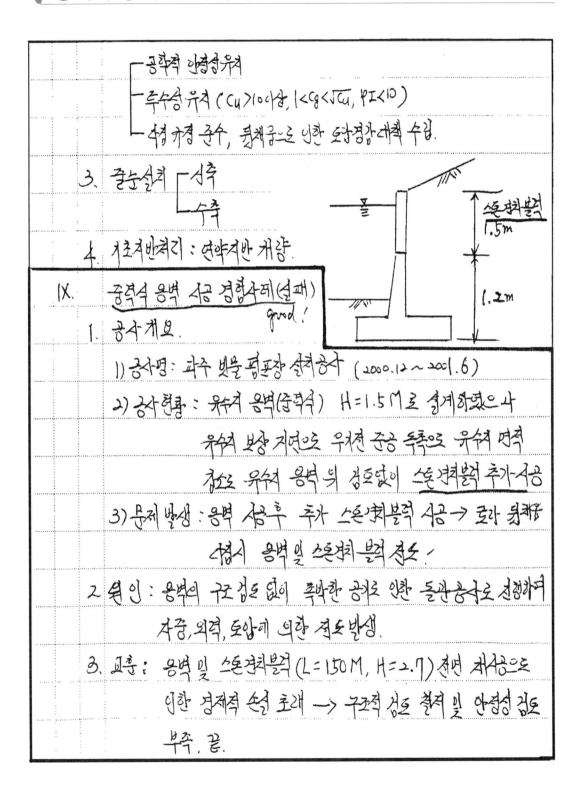

- 공학적 안정성 유지
- 투수성 유지 (C_u 가 10 이상, $1 < C_g < \sqrt{C_u}$, $PI < 10$)
- 설계 가정 준수, 뒷채움으로 인한 토압 경감 대책 수립.

3. 줄눈설치 ┌ 신축
          └ 수축

4. 선초지반처리 : 연약지반 개량.

IX. <u>중력식 옹벽 시공 경험사례(실패)</u>
    good !

1. 공사개요.

1) 공사명 : 파주 빗물 펌프장 설치공사 (2000.12 ~ 2001.6)

2) 공사현황 : 유수지 옹벽(중력식) H=1.5M로 설계하였으나
   유수지 보상 지연으로 우천전 준공 독촉으로 유수지 면적
   확보 유수지 옹벽의 검토없이 <u>스톤겐치블럭 추가시공</u>

3) 문제발생 : 옹벽 시공 후 추가 스톤겐치블럭 시공 → 토압 뒷채움
   섭시 옹벽이 스톤겐치 블럭 전도!

2. 원인 : 옹벽의 구조검토 없이 촉박한 공기로 인한 돌관공사로 선행하여
   자중, 외력, 토압에 의한 전도 발생.

3. 교훈 : 옹벽 및 스톤겐치블럭 (L=150M, H=2.7) 전면 재시공으로
   인한 경제적 손실 초래 → 구조적 검토 철저 및 안정성 검토
   부족. 끝.

옹벽 배수공 실패 사례

2) 문제점 및 원인

① 문제점 : 물빼기 +공 미설치로 인한 옹벽 붕괴

② 원인 - 옹벽시공이 배수공 미설치

　　　 - 어스앵커의 Grouting 부실

　　　 - 뒷채움재의 불투수성 재료 선택

< 대전~통영간 고속도로 제10공구 / 건설현장의 절토된 캔틸레버 옹벽 >

③ 대책 및 교훈
　　　　　　　　Φ65mm이상
　　　 - 옹벽시공시 배수공 (물빼기+공) 반드시 설치

　　　 - 앵커설치연계는 일반적으로 영세한 곳이 많으므로
　　　 2차우팅시 시공관리 감독 철저

　　　 - 뒷채움재의 분류 투수성으로 검토

　　　　　　　　　　　　　　　　　"끝"

보강토공법 설계변경 사례

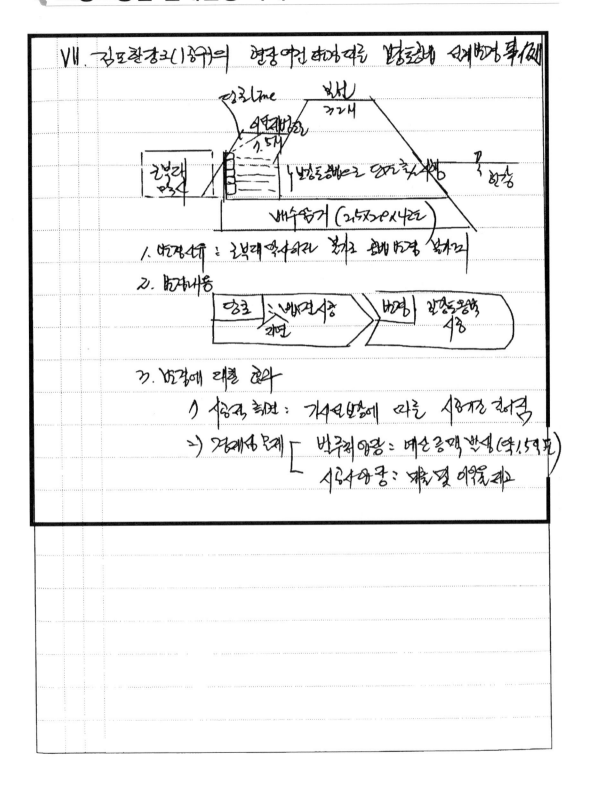

L형 옹벽 붕괴 사례

② 대형장비 투입

3. 초점

① 누수 이용대책 : 9m이부, 최소연결

② 안목 " : 10~15m 간격, 최소간격

③ 누화방지 : 가능한 시지

4. 가르막 개방

① 가재료검토

② 약액주입, 교재방법

Ⅴ. 현장개방시계   grad /

1. 공사개요

1) 공사명 : 동수축 과재방 ④ 안좌공사

2) 현상시 : '97.5

3) 개요 : L형옹벽 붕괴

2. 현황및 문제점

1) 상인 : 완공후1년 누가니 발생, 세계앗 사항구원

2) 문제점 : 안방밀 과다 변신 누비

3. 대학 맛 교훈

1) 대학 : 동벽에연 압내시면 약 모각 맡 배수홈 등지생채

2) 교훈 : 과정3건 과다 설계장방 필요.

APT

끝.

옹벽 불안정에 따른 변위 발생 사례

		4) 기초처리.		

4) 기초처리.

① 지수 : 약액주입공법.

② 치환 : 굴착치환. 강제치환

③ 고결 : 생석회 말뚝공법. 동결. 소결.

④ 다짐 : 동다짐

6. 옹벽 시공시 고려사항

1) 지반조건 : 기초지반 지지력 확인 (사질토 : $N>10$, 점성토 : $N>4$)

2) 시공조건 : 구조물의 선형. 지하수위. 작업부지등

3) 구조물조건 : 상부 및 인접구조물의 침하. 변형여부

4) 환경조건 : 진동. 소음. 우물고갈에 따른 민원 발생여부등.

7. 옹벽의 내적 안정성 확보를 위한 관리방안

옹벽

1) Management System을 통한 열화. 균열의 보수보강 및 DB화 관리.

2) 시설물안전관리특별법에 의한 점검 정밀. 진단 실시.

8. 옹벽 불안정이 따른 변위 발생사례

1) 용역명 : 경기도 양주시 강변댐 정밀안전 진단 용역('98)

2) 문제점 : 여수로 강세공 옹벽의 신축이음부 타운 멀 변위 발생

3) 원인 : ① 신축이음부는 경계로 Earth Anchor 보강부위와
         미보강 부위의 토압차이 발생

         ② 뒤채움재료의 성토재료 조건 불만족 및 배수처리 미흡

         ③ 옹벽과 기초(Mat)와의 시공성 불량 단면의의 한계

4) 처리결과 ① 성토재료를 만족하는 재료로 치환.

         ② 토련 및 지하수 배수를 위한 배수구. 배수공 시행.

         ③ 신축이음부 파손부위 보수등 제시 : 끝.

옹벽 균열 방지를 위한 개선사례

2) 안전 확보대책 : 다짐철저, 옹벽 전면과 배면 동일한 시공관리

3) 토압 경감 대책 : 배수대책 철저., 경량 (EPS) 재료 사용

　　　└ 재료조건 : PI < 10, CBR > 10

3. 줄눈설치 ┬ 기능성이음 ┬ 수축줄눈 : Hair crack 방지, 균열제어

　　　　　　│　　　　　└ 신축줄눈 : 부등침하 방지

　　　　　　└ 비기능성이음 ┬ 시공이음 : 계획적 이음

　　　　　　　　　　　　　　 └ cold joint : 비 계획적 이음

4. 기초 지반 처리 ┬ 연약지반 처리 대책 ┬ 하중조절

　　　　　　　　　└ 지지력 확보　　　　 ├ 지반 개량

　　　　　　　　　　　　　　　　　　　　└ 지중구조물 형성

Ⅶ. 옹벽 균열 방지를 위한 개선사례

1. 공사개요

　1) 공사명 : 천안 ~ 논산 고속도로 신설공사 (장수)

　2) 공사기간 : 1999.4 ~ 2002. 12

2. 당초 시공계획 및 문제점

타설순서

①	②	③	④

|←10~20m→|

1) 시공점 선타입에 조정, 10~20m 간격으로 이음칸막이를 설치하고 연속적으로 콘크리트타설
예상

2) 문제점 : 건조수축 에 의한 균열 발생, 재료분리, 시공이음 발생.

3. 개선사례

①	②	①	②

1) 시공점을 격자로 설치후 격자 콘크리트 타설

2) 개선사항 : 구조물의 이완 및 수축으로 인한 균열 방지로 내성 강화.

배수불량에 의한 옹벽 균열 사례

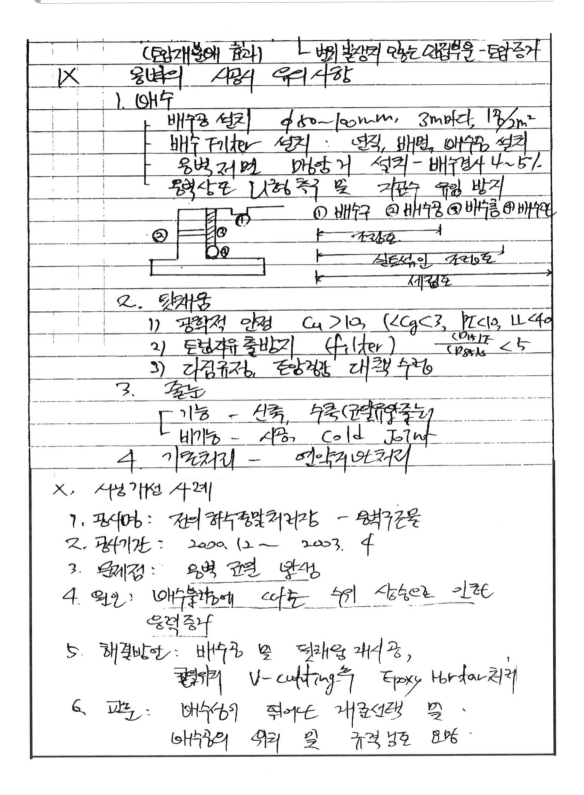

(탄압재룡에 효과) └ 별의 발생치 앟는 연결부은 -탄압증거

IX 옹벽의 시공시 유의사항

1. 배수
  - 배수공 설치 φ80~100mm, 3m마다, 1㎡/3m²
  - 배수 구기처 설치 : 연직, 배면, 배수공 설치
  - 옹벽 지면 맹향거 설치 - 배수경사 4~5%
  - 응력상도 나형 측 뜰 각공수 유입 방지

① 배수 ② 배수공 ③ 배수클 ④ 배수면

2. 뒷채움
  1) 평학적 안정 Cu >10, (<Cg<3, PI<10, LL<40
  2) 토렵재유 출방지 (filter) D15/D85 <5
  3) 다짐유지, 토압경감 대책 수립

3. 줄눈
  - 기능 - 신축, 수록(균열유양줄눈
  - 비기능 - 시공, Cold Joint

4. 기밀처리 - 연약지반처리

X. 시방 개선 사례

1. 공사명 : 전리 하수종말처리장 - 옹벽구조물

2. 공사기간 : 2000. 12 ~ 2003. 4

3. 문제점 : 옹벽 균열 발생

4. 원인 : 배수불량에 따른 수위 상승으로 인한 응력증가

5. 해결방안 : 배수공 및 뒷채움 재시공, 균열위치 V-cutting후 Epoxy Mortar처리

6. 교훈 : 배수성이 취약한 재료선택 및 배수공의 위치 및 규격 범료 8%

옹벽 시공관리 불량으로 인한 균열 발생 사례

옹벽균열

IX 옹벽 시공관리 불량으로 인한 균열 발생 사례

1. 개요 : 2000년 중앙고속도로 10공구.

2. 문제점 : 옹벽 (H=8M) 시공부 허용치 이상 (a2mm)균열 다수

3. 원인 1) 뒷채움 재 입도 불량 - 압밀토 발생 침하 발생

    2) 숙수축에 의한 미시공

4. 대책 및 교훈

    1) 대책 - 균열부 원인 추정 후 안정시 보수

    2) 교훈 - 옹벽 뒷채움부 재료 선정 철저

        흡수율이용 (1~5㎜골재) 철저 시공   "끝"

옹벽 뒷채움 하중경감 공법 적용 사례

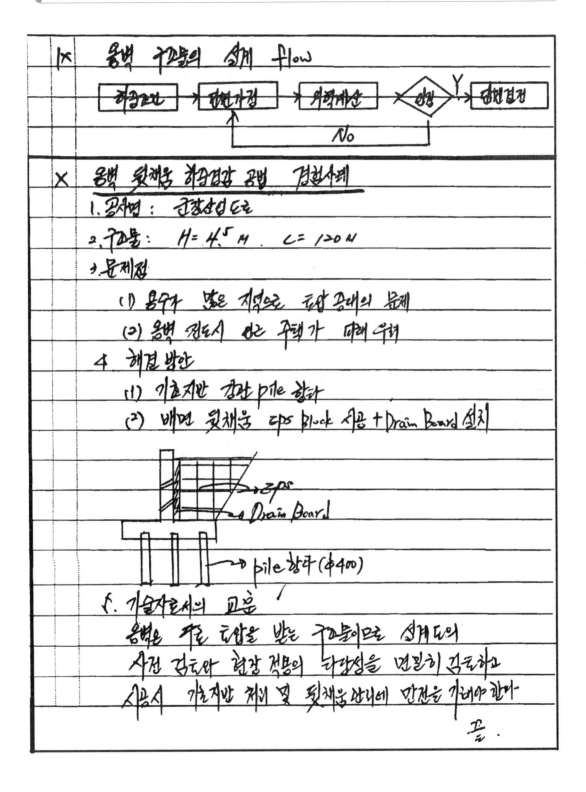

IX 옹벽 구조물의 설계 flow

| 하중조건 | → | 단면가정 | → | 외력계산 | ◇ 안정 | Y | → | 단면결정 |

No

X 옹벽 뒷채움 하중경감 공법 경험사례

1. 공사명 : 군항실업터로

2. 구조물 : $H = 4.5 M$. $L = 120 M$

3. 문제점

(1) 용구가 많은 지역으로 토압 증대의 문제

(2) 옹벽 전도시 인근 주택가 피해 우려

4. 해결 방안

(1) 기초지반 강관 pile 항타

(2) 배면 뒷채움 EPS block 시공 + Drain Board 설치

→ EPS

→ Drain Board

→ pile 항타 (ϕ 400)

5. 기술자로서의 교훈

옹벽은 주로 토압을 받는 구조물이므로 설계도의

사전 검토와 현장 적용의 타당성을 면밀히 검토하고

시공시 기초지반 처리 및 뒷채움 관리에 만전을 기해야 한다.

끝.

역 T형 옹벽의 시공 개선 사례

Ⅶ. 역T형 옹벽의 점단력 단급적게 신외시 지방력 조래 이동

1. 전란다리로 (따라요시방역기)르

[a (러나 + 그래) 이완량
b (남나 + 그르량) 이완량 ⇒ 란나비

2. 수평표란급로르 (론란나는 식방내)

a: 러나 + 하나 이완량
b: 악중대상
c. 러나 + 그나 이완량 → 단즈네 지냐.

a   b
러나 위완지영   C미란란개
(중나)   위리래영 (응=등나)

a   b   c
이완   수중대로   이완단

Ⅷ. 역T형 옹벽의 시란나 방르 식계(사슴배내)

1. 산나하르: 러래개 - 각르 응량 (나 = 1 이녀니, L = 200 ~)

2) 음동중란드 이남 6약식공르량 (예르)

3) 참르 - 감관하나연르

주무강철르 안르에양우겸

배란르 - Pre-Cast 6램 움내

나사해르 - 기존나 + 벽비브 52G 어르
— 기존나 2래량 (단란나비)가나

H-Pile 제나 (12지나 × 4 가내

6) 위나 = 공기 긴나르

난마신남 = 3년 . 1 가

보강토 공법 적용 사례

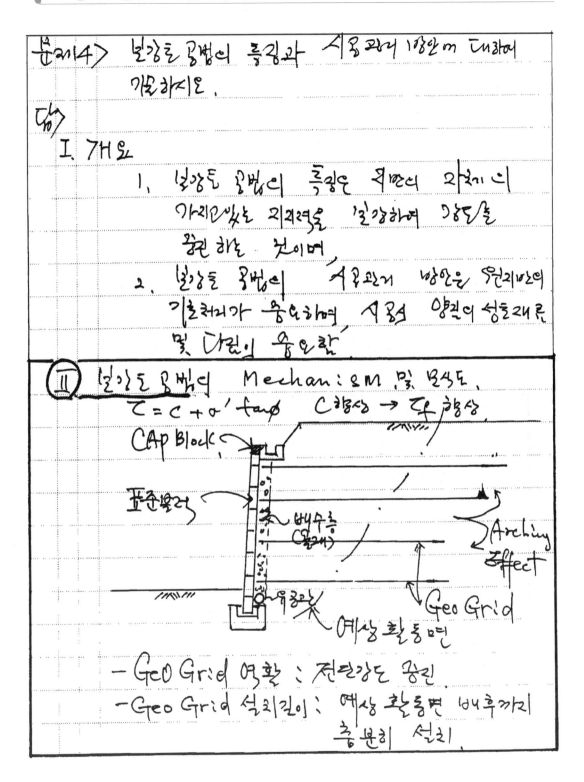

문제4) 보강토 공법의 특징과 시공과리 방안m 대하여
설명하시오.

답)

I. 개요

1. 보강토 공법의 특징은 흙면의 외개의
가리교싶노 외력력을 보강하여 강도를
향원 하는 것이며,

2. 보강토 공법의 시공과리 방안은 원리반의
기초처리가 중요하며, 시공 양권의 성토재료
및 다짐이 중요함.

Ⅱ 보강토 공법의 Mechanism 및 보상도.

$$\tau = c + \sigma' \tan\phi$$ C향상 → 𝜏𝜑 향상

CAP Block

표준응력

배수층 (부직포)

Arching Effect

Geo Grid

예상 활동면

- Geo Grid 역할 : 전단강도 증진.
- Geo Grid 설치길이 : 예상 활동면 배후까지 충분히 선정.

보강토 옹벽의 시공 실패 사례

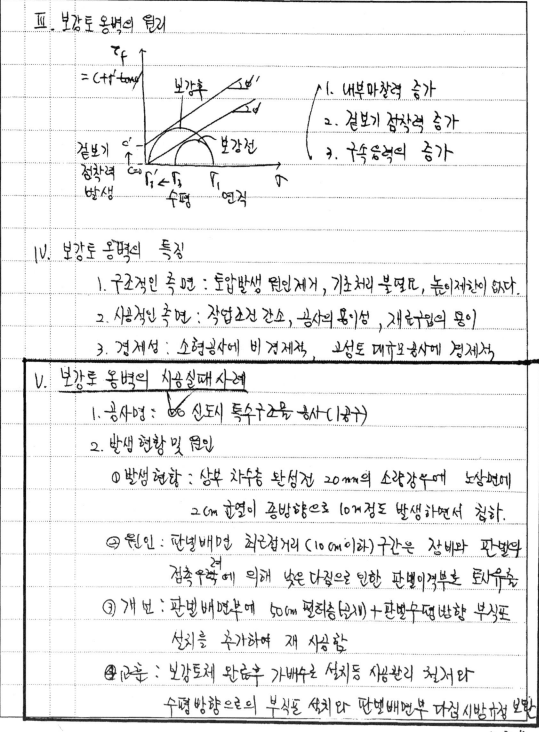

Ⅲ. 보강토 옹벽의 원리

1. 내부마찰력 증가
2. 겉보기 점착력 증가
3. 구속응력의 증가

Ⅳ. 보강토 옹벽의 특징

1. 구조적인 측면 : 토압발생 원인제거 , 기초처리 불필요, 높이제한이 없다.

2. 시공적인 측면 : 작업조건 간소, 공사의 용이성 , 재료구입의 용이

3. 경제성 : 소형공사에 비 경제적, 고성토 대규모 공사에 경제적

Ⅴ. 보강토 옹벽의 시공실패 사례

1. 공사명 : ○○ 신도시 특수구조물 공사 (1공구)

2. 발생 현황 및 원인

① 발생 현황 : 상부 차수층 완성전 20mm의 소량 강우에 노상면에 2cm 균열이 종방향으로 10개정도 발생하면서 침하.

② 원인 : 판넬배면 최근접거리 (10cm이하) 구간은 장비와 판넬의 접촉우려에 의해 낮은 다짐으로 인한 판넬이격부로 토사유출

③ 개선 : 판넬배면부에 50cm 필터층 (쇄석) + 판넬수평방향 부직포 설치를 추가하여 재 시공함

④ 교훈 : 보강토체 완료후 가배수로 설치등 시공관리 철저와 수평방향으로의 부직포 설치와 판넬배면부 다짐 시방규정 보완

"끝"

보강토 옹벽 다짐 불량 사례

6.		Shear key 설치 이유
	1)	설치목적 : 평면활동 저항력 증가
	①	수동토압 증가
	②	마찰저항 증가 : $\mu_1 > \mu_2$
	2)	구조세목
	①	토압각동 고려 : 파괴면 외측 설치
	②	마찰저항 고려 : 뒷굽판측 설치
	③	최적높이 설정 : 저판높이 층이상, 저판폭 10~15% 이내

수동토압 증가
P_P
활동파괴각 (수동기원)
흙과 흙의 마찰 흙과 Con'c 마찰
$\mu_1 > \mu_2$

⑦		현장 사례 및 교훈. <보강토옹벽>
	1)	현장면 : 양산 신도시 택지 23블럭 공사 (1공구)
	2)	사 례 : 집중호우 보강토옹벽 최상단 마무리 다짐화 외일 새역
		호우 강우후 인장균열 발생

강우수
균열발생
도랑자 유출 (판넬 접속부.
보강띠.
보강판넬

보강토 옹벽 ?

	3)	원인
	①	판넬 배면 부러도 다짐시 하향 침하. (Filter 기능 상실)
	②	판넬 인근 다짐불량. → Rammer 다짐 (人형)
	4)	대책
	①	전면 객식공 (5자과부)
	②	지표수 유도 배수를 위한 가배수로 설치.
	③	균열 예상부 Geo grid 보강
	5)	교훈.
		판넬 인근의 다짐 철저 및 시공관리 철저

보강토 옹벽 기초 지지력 저하 개선 사례

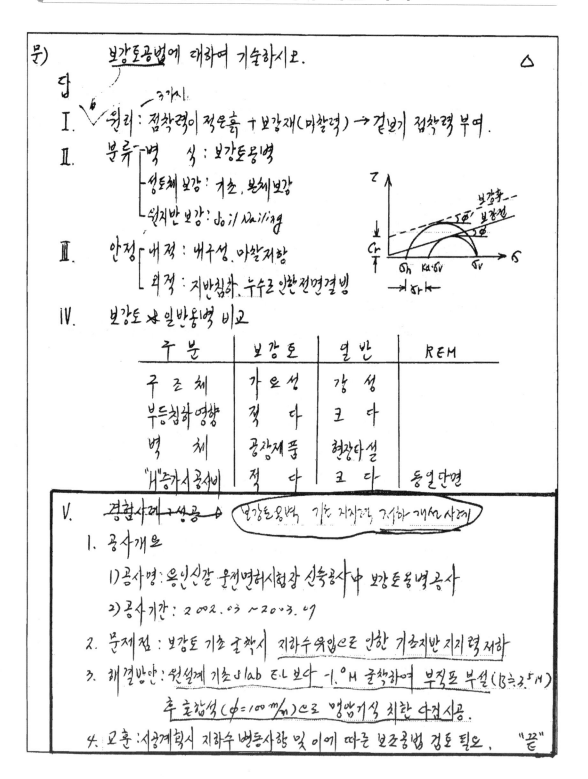

문) 보강토공법에 대하여 기술하시오. △

답

I. 원리: 점착력이 적은흙 + 보강재(마찰력) → 겉보기 점착력 부여. 3가지.

II. 분류 ─ 벽 식: 보강토옹벽
　　　　├ 성토체 보강: 기초, 본체보강
　　　　└ 원지반 보강: Soil Nailing공

III. 안정 ─ 내적: 내구성, 마찰저항
　　　　└ 외적: 지반침하, 누수로 인한 전면결빙

IV. 보강토 & 일반옹벽 비교

구 분	보 강 토	일 반	REM
구 조 체	가 요 성	강 성	
부등침하 영향	적 다	크 다	
벽 체	공장제품	현장타설	
"H"증가시공사비	적 다	크 다	동일단면

V. 경험사례 + 성공 → (보강토옹벽 기초 지지력 저하 개선 사례)

1. 공사개요

1) 공사명: 용인신갈 운전면허시험장 신축공사 中 보강토옹벽공사

2) 공사기간: 2002.03 ~ 2003.07

2. 문제점: 보강토 기초 굴착시 지하수 유입으로 인한 기초지반 지지력 저하

3. 해결방안: 원설계 기초 slab E.L 보다 -1.0M 굴착하여 부직포 부설 (B≒3.5M)
　　　　후 혼합석 (φ=100m/m)으로 명암거식 치환 다짐시공.

4. 교훈: 설계계획시 지하수 변동사항 및 이에 따른 보강공법 검토 필요. "끝"

보강토 옹벽 부등침하 발생 사례

I.개요	옹벽 사용관리 요소
	1. 배수관리, 2. 뒷채움 관리, 3. 줄눈(이음)관리, 4. 기초지반 관리
II.내용	옹벽 시공시 관리사항
	1. 배수
	1) 배수공, 배수층, 배수 pipe 설치
	2) 외력이 되어 가로 방향의 폭을 연하시켜 침하 크기
	3) 경사배수로 가장 깊은 곳에 설치
	2. 뒷채움
	1) 흙입자가 충분하게 채워있는 배출량 선택
	2) 안전율증을 위한 대책 (다짐장비)
	3) 충분 강능을 위한 대책 (EPS등)
	3. 줄눈
	1) 신축이음: 방향력과 압력 및 곡선선 설치 연직방향 축부
	2) 유간줄눈: 응력 감소 및 진동 제거
X	문제사례 (보강토옹벽)
	공사명: 구리 - 이매선 도로 공사
	시공량: 의선거암 구간 관계획. 시공사: 신한 건설
	문제점: 보강토 옹벽 공사시 가로 하면부 침범우안에 내부
	굴러드에 철근 등의 하면처리책 및 보강성시 누락
	보강토 옹벽 설치 그라 부등 침하 발생.
	개선대책: 부등침하 가 발생하여 침하측 외부본관 보강재로 구조물
	의양하고 같은 진전거 가로구간 대책 수립.

Soil-nailing 공법 개선 사례

	prestressing	인장 앞 람	인장가람	soil nail

5. 장부고속도로 제 6-2공구 절토사면 붕괴에 따른 Soil nailing 공법시공 개선사례

현황 및 문제점 : 당초 절토구간 (L=20m H=7m) 중 토사구간 을 shtcrete 만
로 시공 하였으나 강우시 침습으로 인한 간극수압이 증대로
인해 일부 절토사면이 붕괴되어 soil nailing 공법으로 개선시공
하였음

[당초 절토사면] [개선시공사례]

지하 굴착 터파기 공사 계측 사례

문제 1> 대규모 지하 터파기중 발생한 붕괴원인 및
대책에 대하여 약술하리오.

답>

I. 개요.

1. 대규모 지하 터파기 공사중 발생한 붕괴원인에는
내적인 원인과 외적인 원인으로 나누어 생각하여
볼수 있으며,

2. 내적 원인에는 벽체의 변형, 과다우의 이상, 버팀대
의 연약화의 같은 원인이 있으며, 외적인 원인에는
지하수위가 高水 토압, 수압의 증대, Heavy, Boiling
등의 원인이 있을수 있음.

3. 붕괴에 대한 대책으로는 계측을 통한 사중 관용루의
관의 원리로 기하여 함.

II 지하 굴착 터파기 공사의 계측 사례.
(서울지하철 906공구, 2002 ~ 2012)

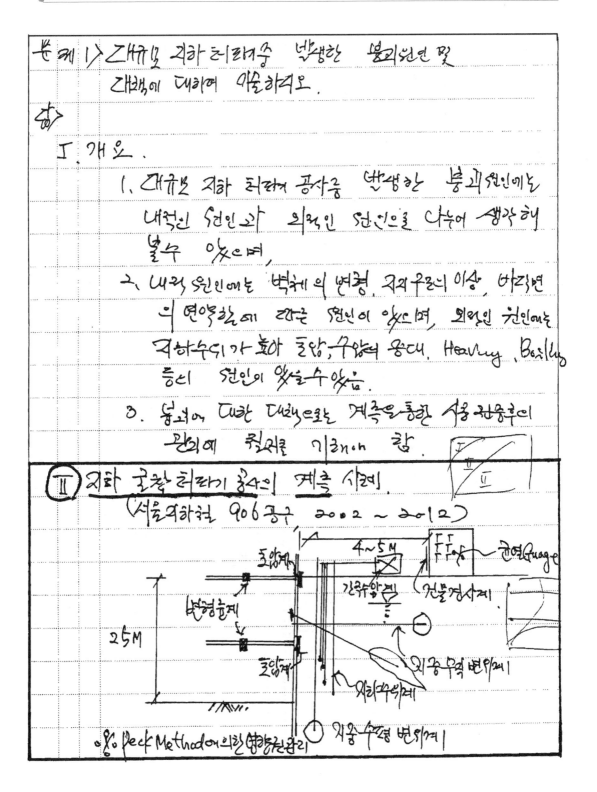

o% Peck Method에 의한 영향권관리   외중 수평 변위계

도심지 지반 굴착 사례

문제6> 도심지 외면 굴착시 발생하는 지하수위 저하라 외면침하가 구조물에 미치는 영향과 대책에 대하여 이오하지요.

<答>

I. 개요

1. 도심의 외면 굴착시 발생하는 지하수위 저하가 구조물에 미치는 영향으로는 인근, 외면 침하 및 인접 가시공 pile의 붕우와 토류 발생으로 상부 구조물에 균열 등의 문제가 발생 된수 있다.

2. 이와 같은 문제점에 대한 대책으로는 사전에 외면 보강 및 차수 그라우팅 실시 및 설오시에 차수를 염두에 둔 지하연속벽식 공법등이 우리한 설계 기술관리를 도관 하여 시공관리가 요구됨.

② 도심의 외면 굴착시 시공관리 계측도.
(서울지하철 F 8공구)

흙막이 벽체 변위 발생 사례

Ⅵ Slurry Wall 시공법의 flow chart.

Guide Wall 설치 → Trench굴착 → 1차 Slime 처리 → Interlocking pipe 설치

→ 철근망삽입 → 2차 slime처리 → Tremie설치 → 수중Conc

→ Interlocking pipe 인발 → 두부정리 → 다음 span 이동

Ⅶ Slurry Wall 공법특징

장 점	단 점
강성大 차수성好	고가, slime처리 평벽분리
주변영향 小	수중concrete로 품질관리

Ⅷ 공법선정시 고려사항.

1) 지반조건 → 토질

2) 시공조건 → 공사비

3) 구조물조건 → 주변여건고려

4) 환경조건 → 소음. 진동 등.

Ⅸ 현장사례 및 맺음말

1 현장사례

1) 공사개요

① 공사명 : 영상강 Ⅳ공구 무안양수장

② 공종 : 구조물 축조를 위한 되파기

③ 공기 : 1998. 3 ~ 2001. 12.

④ 문제점 : 흙막이 벽체의 변위 발생

⑤ 원인 : 해성점토로 인한 토압 증대

⑥ 대책 : Screw Jack, 배면강선지지

2) 맺음말

① 지하되파기시 사전 철저한 지반조사 선행과

② 시방규정에의한 공법 선정이 필요함.

끝

흙막이 보조공법 시공 사례

X   흙막이 보조공법 시공사례 (H-pile + SGR, LW, JSP.)

1) 공사명 : 신여문 맞춤화르장 신축공사 (99 ~ 2001)

2) 흙막이 공법구조 : H-pile + LW

3) 문제점

  - 강성설계 : H-pile + LW

  - 보안설계 : SGR, JSP

  - 높은지하수위 영향으로 차수벽 기능 상실
    터파기근 용출수로 주변 지반침하 및 공사중단.

4) 해결 대책

  - H-pile 토류벽주면 JSP (∅ 600mm) 2열 추가 시공

  - 설계시 지층구조상태밀 지하수위 상태를 정밀히
    파악하여 적합란 공법 선정이 필요

                                        "끝"

Guide Wall 뒷채움 불량 사례

문) Guide Wall

이L

I. 정의

Guide Wall은 Slurry Wall (지중 연속벽) 시공시 굴착 장비의 하중지지
및 공벽을 유지시키는 기초 콘크림

II. 설치목적 (역할)

1) 굴착시 수직도 관리

2) 안전벽 관리 기준점 역할

3) Slurry Wall 의 수평, 수직, Elevation 의 기준점 역할

4) 판넬 분할의 기준점 역할

III. 시공시 주의사항

1) 뒷채움 다짐 품질관리 요망

2) Guid Wall 간격 (1P00) 정밀시공 요구

  (터파기 장비 투입수 : BIT Cutter)

3) 대칭 구조로써 콘크리트 타설시 거푸집 방지를

  위한 버림목 설치 고려

IV 시공사례   god(

공사명: 인천 인수기지 LNG 탱크(Slurry Wall) #15,16 Tank

공기: 2.00   ~   2.00

발주처: 한국가스공사

시공상 문제점: Guide Wall 뒷채움 불량 및 유수로 인한 손실발생

대 책 : Cement Milk 충전

교 훈 : 소구경보다 중장비의 하중 지지 하므로 시공 (다짐등) 불량시
장비의 전도등·대형 안전사고가 발생할수 있으므로 정밀시공이 요구됨

안정액 배합 사례

문) 안정액   NG

I 정의

(두산업)Slurry (안정액)은 벤토나이트, 증점제, 분산제 및 기타 화학 약품을 가지고
굴착 공내의 사성에 따라 적합하도록 청에 혼합한 액체를 말한다.

II. 안정액의 사용법   → 비순환 ↔ 순환

1) 비순환 방식

Bucket 으로 굴착하는 경우 굴착에 수반 안정액은 Trench에 보급되며
콘크리트 타설을 위한 치환 될때까지 Trench에 머무른다. 안정액은
굴착 벽면의 안정성만큼 목적으로 이용한다.

2) 순환 방식

Bit 나 Cutter로 굴착하는 경우 안정액을 치하는 동시에 굴착토를 지상에
운반하기 위한 펌프에 의해 Trench 와 지상 plant 사이를 순환한다.

III 안정액의 기능

1)굴착 벽면의 붕괴를 막는다

2) 안정액속에 부유되어 있는 토사를 역리

3) 굴착토를 지표 까지 운반

IV. 안정액의 관한시험

1) 비중 2) 겉흙에 관한특성 3) 여과시험 4) 사분의 측정

V. 안정액 배합 사례 〈인천 (NG 교 II, 1 Tank) gool :

벤토나이트	Polymer	분산제	증조(NaHCO₃)	비고
20kg	1kg	1kg	2kg	띰본, 시멘트, 점토 오염 영향

지하연속벽 시공개선 사례

Memo

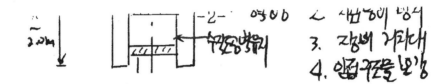

XII. 시공개선 사례   지하연속벽

1. 공사명 : 부산 - 거제간 연결도로.

2. 공사기간 : 1997 ~ 2002

3. 문제점 : 착수물량에 따른 누수 발생

4. 원인 : 주열식 공법 설계에 지하수 주변에
    따른 연공성 미반영

5. 해결방안 : LW 주입하여 착수성 보강

6. 교훈 : 시공계획시 지하수 변동사항 및
    변공성 검토 필요

www.seoulpe.com
서울기술사학원
02-774-7483
www.seoulpe.com

21세기 토목시공기술사

Part 1

Professional Engineer Civil Engineering Execution

캐이슨의 기초 시공

PHC Pile 근입공법 변경 사례

3. 개단말뚝과 폐단말뚝

(답)

I. 개단말뚝과 폐단말뚝의 정의

  1. 개단말뚝 : 선단부가 개방된 말뚝으로 plugging effect 고려

  2. 폐단말뚝 : 선단부가 폐합된 말뚝으로 소음·진동이 크므로 주의.

II. 개단말뚝과 폐단말뚝의 차이점

구분	개단말뚝	폐단말뚝	비고
지지력	선단지지력	선단지지력 + 주면마찰력	
폐색효과	고려	비고려	
종류	강관파일	PHC파일	
시공속도	빠름	상대적 느림	
심도	대심도 가능	대심도 곤란	
Rebound	적음	많음	
소음·진동	적음	많음	

III. 개단말뚝 폐색효과 (plugging effect)의 영향성

  1. 긍정적 측면 : 1) 선단 지지력 증가

  2. 부정적 측면 : 1) Rebound 증가

                    2) 소음·진동, 시공효율 저하

Ⓘ 폐단말뚝 (PHC) 시공시 주의사항 (실제시공현장 #3.4 폐색저감소치)

  1. 주변 민원은 고려 Pre-boring 방법으로 변경 (약 3억원 증액)

  2. 계속관리를 바탕으로 소음·진동 check (민원화)   끝"

강관파일 용접이음 사례

Memo

X. 용접검사   비파괴 시험

비파괴 시험 ┌ 내부 ┌ UT
            │   └ RT
            │
            └ 외부 ┌ MT
                   └ PT

XI 교량기초 (강관파일 용접이음 경험사례)   good :

1. 공사명 : 군장산업도로

2. 구조물 : 교각 기초 강관파일 용접 이음 (Φ508)

3. 문제점 : 용접이음부 RT 촬영 결과 균열 발생 (기공→०→균열 판정)

4. 원인 : ① 개선홈 불량 ② 받침막이 어긋남
          ③ 용접봉 건조 미실시   ④ Slag 처리 미흡

5. 대책 : 용접부위 제거 후 재 용접

6. 교훈 : 용접 이음은 현장 기후에 영향을 많이 받으므로
         기후에 대한 시공대책을 세우고, 용접 기능공은
         사전에 기량시험을 실시하여 자격을 검증하고
         현장 관리자도 연구 노력하는 자세가 필요하다.
                                              끝.

말뚝 기초 지지력 산정 사례

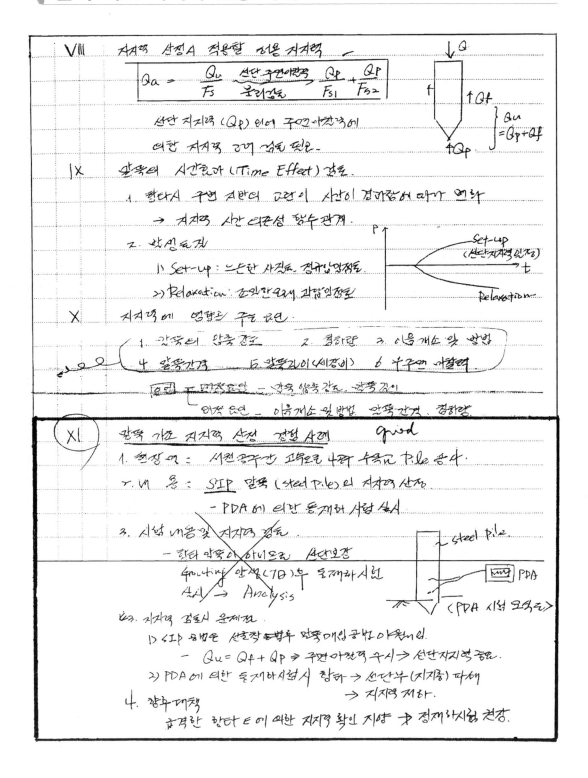

말뚝 기초 지지력에 대한 안정성 검토 사례

XI. 말뚝기초 지지력에 영향을 미치는 요인

　1) 말뚝의 선단강도　　　　　　　2) 침하량

　3) 이음새 및 변형　　　　　　　4) 말뚝 간격

XII. 말뚝기초 지지력 판단시 주의사항

　1) 설계시 : 정역학적 분석 + GRLWEAP 이용..

　2) 시공시 : 전진해 닿도록 설계지지력 확보

　3) 지지력 시험은 Thixotropy 현상에 의한

　　지반의 연경변 후 실시 (약2주)

XIII. 말뚝 기초 지지력에 대한 안정성 검토 사례 ← 내변위 아니냐

　1) 과개요 : 부산-울산 고속도로 제9공구 백천교

　　　　2004.1 ~ 2005.12 (예정)

　2) 말뚝기초 안정성 검토

　　　- 3차원 위한모드 해석에 의한 안정성 검토

　　　(백천교, Pentagon—3D)

　　　Model검 → 하중 (수직응력) → 검토 (교대방향 / 교축방향 / 부등침하

동재하 PDA 분석오류 사례

Ⅶ. 말뚝의 하중전이 (Load transfer) ∨

1. Mechanism

상부 구조물 이완시
↓
하중 증가
최대 하중 ─────────→ 후기 하중
하복 〃
↓
선단 지지력

└ 주면마찰력 저하   └ 말뚝 선단으로 하중전이.

2. 하중전이 현상

변형 gauge

Ⅷ. 현장 경험 사례

1. 공사 개요

1) 공 사 명 : 영동선라역 육교변경노 건설공사

2) 공사기간 : '95.12 ~ '96.12

2. 원인 및 문제점

1) 원 인 : 변형으카 대 대한 PDA 항격. 측정 · 분석오류

2) 문제점 : PDA 분석 오류로 인한 개기 기초 침하. (지지력 미달.)

3. 대책 및 교훈

1) 대책 : 기초보강 underpinning 공사 시행

2) 교훈 : PDA 시험시 전문가에 의한 시험분석 필요.   끝.

PSC Pile 항타시 두부 손상 사례

문제		Pile Cushion	이c
답	I	Pile Cushion 의 정의	
		Pile Cushion 이란 항타시 Pile 두부 모르다 항타에너지를 Pile 에 전달하기 위해 요치하는 원형 판을 말한다.	
	II	Pile Cushion 의 규격	
		1. 재질 : 합판 2. 두께 : 10cm	
	III	Pile Cushion 의 역할	
		1. 항타말뚝두부 보호. 2. 항타에너지 → 항타 말뚝에 전달	
		3. 항타장비의 수명연장 4. 항타소음 저감.	
	IV	Pile Cushion 설치 여부에 따른 응력-시간 Graph	

	V	Pile Cushion 설치 불량시 문제점.	
		· 항타시 Pile 두부 손상 → 지지 지반도달 오잔 → 관입량 부족	
		→ 지지력부족 → 침하 → 구조물 균열 발생	

VI. Pile Cushion 설치 불량에따른 Pile 두부 손상 경험사례.

1. 공사개요
- 공사명 : 경부고속철도 5-1공구 노반신설 기타공사
- 일시 : 1995. 10.
- 위치 : 충북 청원군 강외면, 궁산리
- 교량명 : 오송정차장. 교각

2. 문제점 ; 항타 중 Pile 두부 손상 → 항타 중지   두부손상표.

3. 원인 : Pile Cushion 두께 부족 (100mm → 30mm)

4. 대책

1) 처리대책 : ① 손상파일 두부 1.0m 절단후 재항타 ② Pile Cushion 교체
2) 방지대책 : Pile Cushion 수시 확인 및 50% 이상 감소시 교체.

Slime의 처리 사례

구분		All-casing	RCD	B/C
	시공법	연계이어서리→ 굴착→Slime처리 →철근망→Conc	stand pipe→굴착 →공경부처리→철근망 →Conc	천단~돌산간 L=552L 4등급 철근공상 ⇩ 재인원불가 ⇩ 추가 pile 설치 ⇩ 시공비증가.
	문제점	철근공상 / Slime처리	공동상 2m 이하발생	
	대책	suction pump / spacer 교체	몰탈 안정액 주입	

IV 여상하설 관리는 말뚝중 All casing 공법의 문제점.

　1. 선단지반의 지지력 약화 (지반 5요구)

　2. 철근공상 → Conc 피복 부족 가혹시공.

　3. Slime 처리 → 처리 부족시 침하.

V. 현라아설 관리는 말뚝용 Slime의 처리 방법 (천단~돌산간 L등급 4등급)

slime.

　1. 현상 - 심도(깊이) - 43.5m

　2. 원인 - suction pump 1회시성 (슬라처리 높이 =35m)

　3. 문제점 - Slime 처리 부족 → 측정봉 측정시.

　4. 대책 - [Air - Lift 공법]

　→ Slime 처리 효과 증가 → 바닥잔재(Slime)발견

　→ 시공상. 경제성 양상

철근공상 방지를 위한 시공관리 사례

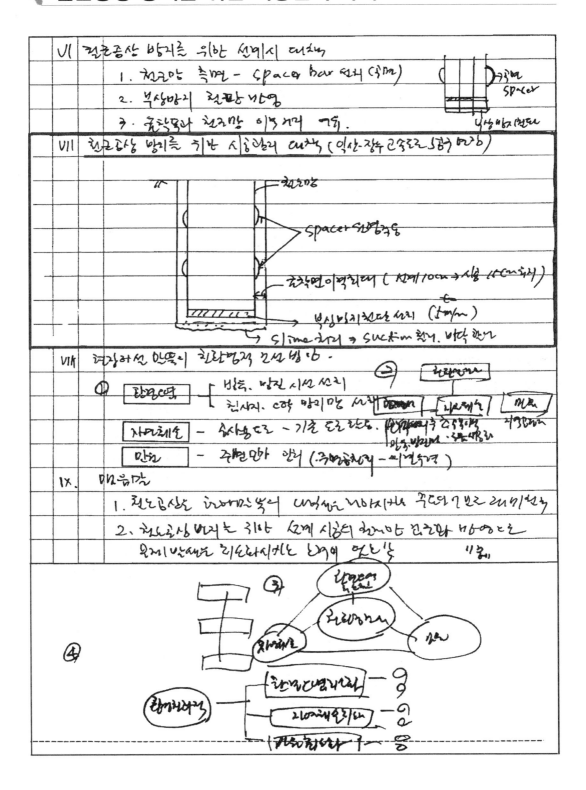

All Casing 철근공상 사례

V. All casing 공법의 특징.   한쪽거치도 — 겹측동 : O
                                             " x — Gamma

1. 원리 : Casing에 의안 굴번리기.

2. 구성요소 : 진신기기. Casing . 요로화기. 으레그 → 콘크리트.

3. 시공순서 :

       장비setting → Casing 반입 → slme제거 → 철근망건입/순게이
                          (거치양생)   C(마)
                           거치심봉

       → 2차 slme제거 → Conc타설 → 인발
             (Air Lift)

4. 단점 : 5m 이상 떼리름 +불가.

5. 장점 : 시공비거감. 시공기료단축.

Ⅵ) All Casing의 철근공상 사례 및 시공시 주의사항.

1. 철안도산는 고속도로 4공구 하상 (1999.12 ~ 2003.12)

2. 철로구명 : 송림데고 P.12.

3. 철근공상 발생 (철망형)

4. 원인 - 철근녕 죽녕 + Space건격

5. 대책 - 재타증에리란 재양핑 신데
            → 재시공.

＜시공시 주의사항＞

1. 설단지반의 연약화 → slme제거.

2. 지지측기능(연약) → 라다근력혀.

3. 철근공상 → slme 재배멀.
       → 심삽비지1건만 종게증가.

All Casing 공법 공상 방지 사례

Ⅷ) 하동화력 석고흡수탑 기초 공상 방지 사례

1. 공사개요 **All Casing.**

구 분	적용공법	직 경	심 도	비 고
하동화력	Earth Drill	1.4m	25m	흡수탑기초

2. 공상현상 방지 사례

Sonic → test pipe

Casing (t=16mm) →

1.4m → SD 25 (에폭시 피복)

1) 설계적

- Casing과 철근망의 간격

25m   120mm로 결정

2) 시공적

- Casing 인발속도 0.3m/min 준수

- 콘크리트 타설후 30분 이내 Casing 인발

○ 지지력 미치는 요인

〈끝〉

○ 맺은말

RCD 시공 사례

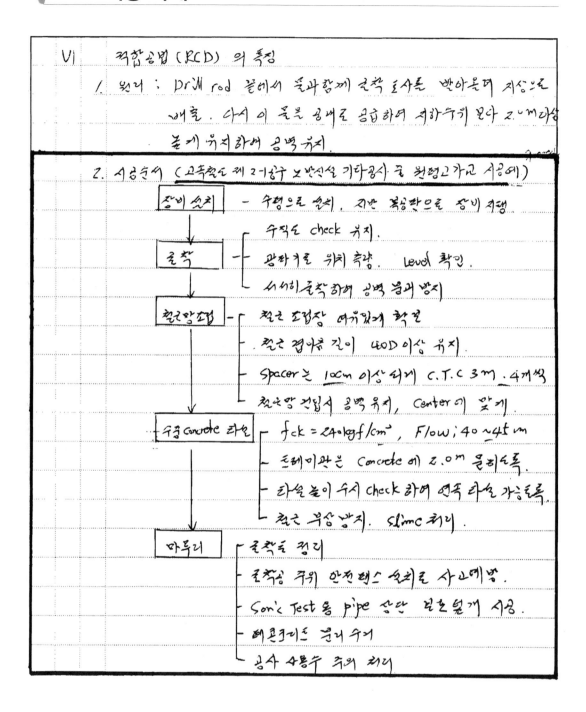

VI 적합공법 (RCD) 의 특징

1. 원리 : Drill rod 끝에서 물과함께 천착 토사를 빨아올려 지상으로
   배출. 다시 이 물을 공내로 공급하여 지하수위 보다 2.0m 이상
   높게 유지하여 공벽 유지.

2. 시공순서 (고속철도 제 2 공구 오변신설 기타공사 중 천정고가교 시공예)

   [장비 손치] - 수평으로 손치, 지반 복상판으로 장비 지행.

   ↓

   [굴착] ─ ├ 수직도 check 유지.
            ├ 광파기로 위치 측량. Level 확인.
            └ 서서히 굴착 하여 공벽 붕괴 방지

   ↓

   [철근망 조립] ├ 철근 조립장 여기있게 확보
                ├ 철근 겹이음 길이 40D 이상 유지.
                ├ Spacer 는 10cm 이상 되게 C.T.C 3m. 4개씩
                └ 철근망 건입시 공벽 유지, center 에 맞게.

   ↓

   [수중 concrete 타설] ├ fck = 240kgf/cm², Flow ; 40~45 cm
                        ├ 드레미관은 concrete 에 2.0m 묻히도록.
                        ├ 타설 높이 수시 check 하여 연속 타설 가능토록.
                        └ 철근 부상 방지. slime 처리.

   ↓

   [마무리] ├ 굴착토 정리
            ├ 굴착공 주위 안전 펜스 손치로 사고예방.
            ├ Sonic Test 용 pipe 상단 검토 묻게 시공.
            ├ 레미콘크리트 근기 수거
            └ 공사 사용수 주의 처리.

교량 기초 변경(Caisson → 현타말뚝) 시공 사례

X 교량 기초 변경 (Caisson → 현타말뚝) 시공 사례

1) 공사 개요

- 공사명 : 광안대교 하부교 수탑

- 공사기반 :

2) 문제점

: 케이슨 축도로 정밀 변경와 기반암의 굴곡이 심하고

심도가 당초 보다 10~15m 깊게 분포함.

3) 대책

- 당초시공 : Pneumatic Caisson

- 변경시공 : 대구경 현장타설 말뚝 (R.C.D D=2.5m)

"끝"

Open Caisson 시공 사례

X. <u>Open Caisson 시공경험사례.</u>   good !

1. 공사명: 경부고속철도 2-1 공구 화성 통과구간.

2. 공사기간 :   '94.11 ~ '02.12.

3. 주토공종 :   Open Caisson 14기,   pc Box 교량 2-1km.

4. 시공시 문제점.

　　침하축진 → 반대 ┌ 발파진동 : 누수크랙 반생.
　　　　　　　　　　 └ 축사민원 : 소음·진동 관리 초기실패.

5. 개선방안 ·

1. 발파진동 → 무진동 발파 공법적용.

2. 민원관리 → 시공전 → 시공중 의 초기관리 철저 : 진동소음 측정기. "끝"

　　　　　　　　　　　　　　　　　　　　　　　　　　"28분"

Pneumatic Caisson 현장 개선 사례

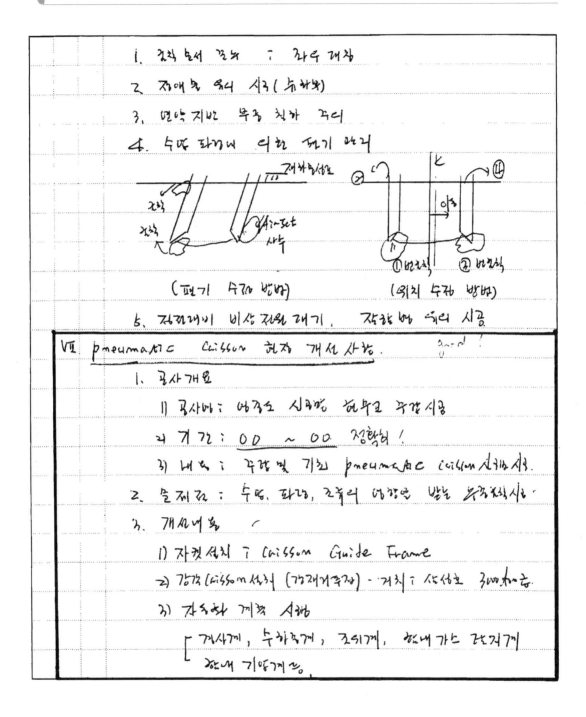

1. 굴착 토서 끝눈 : 좌우 대칭

2. 장애물 유니 처리 (뉴하부)

3. 연약 지반 부족 침하 처리

4. 수먼 타까비 의한 뛰기 머리

(편기 수정 방법)   (위치 수정 방법)

5. 정전대비 비상 전원 대기. 작착 번 유니 시공

VII. pneumatic Caisson 현장 개선 사항.   2nd !

1. 공사개요

1) 공사명 : 영종도 신지방 현무교 주간시공

2) 기간 : OO ~ OO 정확히 !

3) 내용 : 주간 및 기초 pneumatic caisson 시공 상.

2. 문제점 : 수먼, 타깅, 구축의 연강면 방노 부족처리사.

3. 개선내용

1) 자켓 설치 : Caisson Guide Frame

2) 강깅 (Caisson 설치) (강재거푸집) - 거치 : 신성호 3000ton급

3) 자동화 계측 시행

[경사계, 수하중계, 조시계, 한내 가스 탐지계
  한내 기압계 등.

Caisson 침하시 경사 발생 사례

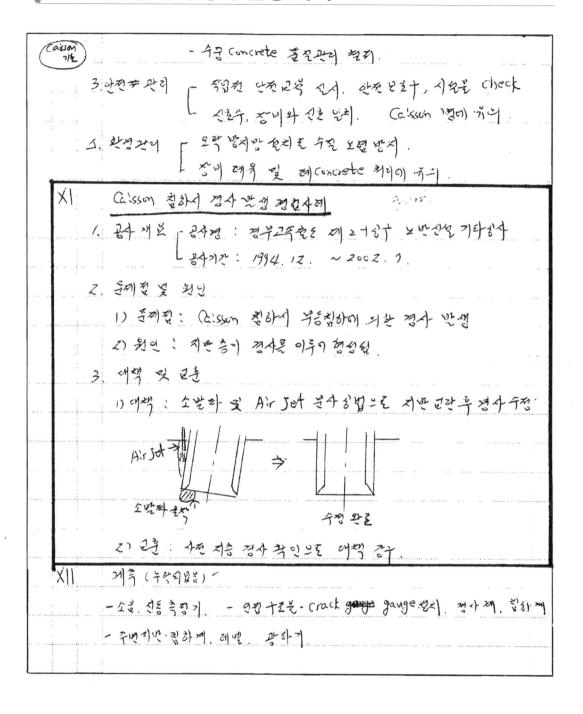

- 수중 Concrete 줄눈관리 철저.

3. 안전 관리 ┌ 작업원 안전교육 실시. 안전 보호구, 시설물 check
           └ 신호수, 장비와 신호 관리. Caisson 경에 유의.

4. 환경관리 ┌ 오탁 방지망 설치로 수질 오염 방지.
           └ 장비 매연 및 폐 concrete 처리에 유의.

XI Caisson 침하시 경사 관찰 경간사례

1. 공사 개요 ┌ 공사명 : 경부고속철도 제 2-1공구 노반신설 기타공사
            └ 공사기간 : 1994. 12. ~ 2002. 1.

2. 문제점 및 원인

1) 문제점 : Caisson 침하시 부등침하에 의한 경사 발생

2) 원인 : 지반 층이 경사를 이루어 형성됨

3. 대책 및 교훈

1) 대책 : 소말라 및 Air Jet 분사 공법으로 지반 교란 후 경사 수정

소말라 굴착↗   수정 완료

2) 교훈 : 사전 지층 경사 확인으로 대책 강구.

XII 계측 (누락되므로)

- 소음, 진동 측정기. - 인접 ~구조물- crack ~~gouge~~ gauge 설치. 경사계, 침하계

- 주변지반 침하계, 레벨, 광파기

Caisson 편기 관리 및 침하촉진 사례

Ⅷ Caisson 기초의 Shoe 적용

1. 사질토 - interlocking 분비
2. 점성토 - 점성에 따른 편기

사질토   점성토

Ⅸ Caisson 기초 시공시 유의사항

- 기술적 ┌ 시공전 : Caisson 위치, Level, 기상조건 Check
         └ 시공중 ┌ 케이슨 침하시 편기 관리
                  ├ 굴착순서 준수
                  └ 수중 con'c 품질관리
- 관리적 ┌ 안전관리 : 노무관리 (게이트법), 산소량 check
         └ 환경관리 : 수질오염 방지

Ⅹ <u>압축공기를 이용한 Caisson 기초 시공시 편기관리 및 침하촉진
    시공사례</u>

1. 공사명 : 군장산업도로

2. 개선내용

    Air Lift →   1) 케이슨 침하시 문제인 경사 발생을
                     압축공기 조절로 사전예방
                  2) 본서 지반 교란으로 인한
                     침하 촉진

    본사 지반교란

3. 교훈

    케이슨의 검측서 가장 큰 문제는 침하 관리 편기 관리
    이므로 앞으로 기술자들의 적극적은 연구로 장비와
    공법을 개발하여야 한다.   끝.

우물통(Open Caisson) 시공 사례

(問題) 우물통 (Open Caisson) 시공사례.

I. 공사개요 및 배경

1. 공사명 : 서도시막순환도로 막곡~티계리간 확장공사

2. 공사기간 : 1998.12.1 ~ 2002.10.30

3. 구조물명 : 강동대교 (L=1.1264)

- 6CM = 790M → 수밀보기 → 수밀충전면 (D=20㎝. ℓ=14m)
- 65M = 336M → All-Casing

4. 배경
- 상수원보호구역 - 한강대면 회손화
- 유수단면 감소 - 우물통 상부 수중부 제거
- 작업기간시공 - 타건차단 방식
- Mass conc 수화열 - piping cooling.

II. 우물통 모식도

우물통 차수 시공 사례

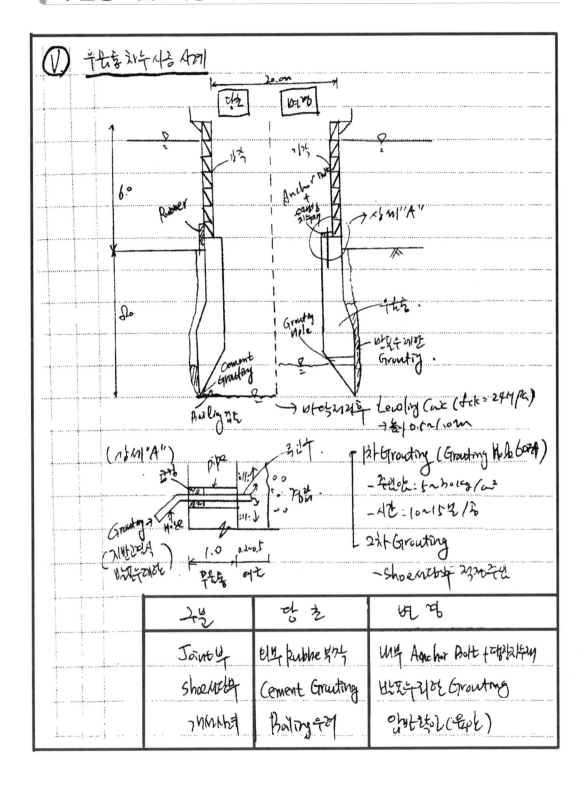

www.seoulpe.com
서울기술사학원
02-774-7480
www.seoulpe.com

21세기 토목시공기술사

Part 2

Professional Engineer Civil Engineering Execution

강변대교 야경

고속도로 시험포장 사례

(문제2) 아스팔트 콘크리트포장에서 시험포장에 대하여 기술하시오

(답) I. 머리말

　1. 아스팔트 콘크리트 포장의 시험포장의 목적

　　(1)재료와 적안성　(2)혼합비배합비　(3)다짐장비 축계 선정

　2. 시험포장 시 장비 선정

　　(1) 다짐장비 - 아스팔트 : 머커어. 로라(인방형장)

　　(2) 포설장비 - 피니셔. 덤프트럭 외. 마/츠. 팁/셔(0.6)

　3. 시험포장 시공시 주의사항

　　(1) 시공구간. 작업흐름 선정 (2) 재료. 배합의 적정성

Ⅱ 천안.논산 고속도로 나공구 SMA 시험포장 모식도 (용전대교)

　1. 시험포장 개요 : 용전대교 SMA포장 (STA. 2+600 ~ 2+690)

　2. 시험포장

　　(1)장비 - Macadam 현장 (다짐)

　　(2) patch 생산량 = 500Ton/hr

　　(3) 포설장비 - 피니셔 덤프트럭뷰셔

　　(4) 사인 - 다짐 되어서 도막방식 Tack coating 살 (RSC-4)

　　(5) 인원라: 반근자. 감리단. 시공사. 현장사

SMA 시험포장 사례

(문제2) 아스팔트 콘크리트포장에서 시공관리에 대하여 기술하시오.

(답) I 머리말

1. 아스팔트 콘크리트 포장의 시험포장시 요점

　(1)재료의 적안성. (2)최적함비16이 (3)다짐횟수 통계 선정

2. 시험포장시 장비 견함

　(1) 다짐장비 - 마카담. 타이어. 로라(인방통장)

　(2) 포설장비 - 피니셔. 아스팔트피니셔. 마샤. 明/서(0.6)

3. 시험포장 시공시 유의사항.

　(1)시험구간 적실한도 선정 (2) 재료·배함의 적격성.

Ⅱ 천안·논산 고속도로 나공구 SMA 시험포장 모식도 (옥천대교)

1. 시험포장 개요 : 옥천대교 SMA포장 (STA. 2+600 ~ 2+690)

L=90.0m

L=30m	L=30m	L=30m	
포설두께:5cm	포설두께:5.5cm	포설두께:6.0cm	이층두께 t=4cm
다짐:횟수:4회	횟수 4회	횟수 4회	
마카탐:10회	마카담:12회	마카담:12회	

2. 시험포장

　(1)장비 - Macadam 험각 (다짐)

　(2) batch 생산량 = 60ton/hr

　(3) 포설장비 - 피니셔. 다르게다뷰기.

　(4) 사건 - 아라 되서 도착방처 Tack Coating 시 (RSC-4)

　(5) 인력관: 반죽제. 갈비대. 시편사. 현장시

평탄성 관리 개선 사례

(문제6) 도로 포장품질 평탄성 관리방안으로 기술하시오.

(답) I 머리말.

    1. 도로포장의 평탄성관리의 필요성

      (1) 국책사업으로서 유지보수의 한계

      (2) 평탄성기준 시급함 → 선진기술의 벤치마킹 (Know-how)

    2. 국가대표 평탄성 벤치마킹

      (1) Arizona Grand Gpo Canyon 고속도로 벤치마킹 사례.

      (2) 평탄성. 기준. 방법. 절차에 대한 기술.

II. 도로 포장층의 평탄성 관리의 필요성

    (1) 주행성 향상 → 쾌적한 주행

    (2) 차량의 상하진동 감소 → 유지보수비 절감 + 노면 수명연장.

    (3) 평탄성 기준에 시공체계 → 평탄성 확보. 내구년한 향상

    (4) 포장 Know-how 전파.

III 도로 포장층의 평탄성 관리 사례 (Arizona Grand Canyon 고속도로)

    1. 평탄성 관리 총괄 (ADOT)

      ┌─────────────────────────────────┐
      │ (1) 도로수명 : 20년 X 10% 이상개선   │
      │ (2) 평탄성 개선효과 : 27% 이상개선. │
      └─────────────────────────────────┘

      ＊ ADOT = Arizona Department of Transportation

    2. 평탄성 개선 방법.

      (1) 자동식 측정장비 - profilometer

        → 시속 Pofom 주행. → 평탄성 자동측정. → 실시간으로 국제화 나타냄

         → 평탄성 지표 (Prz) = 5밀리 mm /km .

평탄성 관리 사례

(1) Incentive 제도 도입

Incentive ←─Good─ 58mm ─Bad→ Penalty

(2하베2만원)　　　(평탄성지표)　　　(2.4배벌과)

→ ┌ 기준 상회시 Incentive 지급.
　 └ 기준 미달시 Penalty (벌과) 적용.

(3) 평탄성지표 사양의 명기.

→ 시공지수 현달 → 재포장 상 관리기준.

(4) 시공방법 (관리기준)

① Finisher → 주행속도 + 정지시간 이시후변화.

② Dump truck → 재배하역시 인비토사
　　　　　　　→ 충격방지 속행 → 접속. 토면처리 중요시공.

③ Roller → 전동기로 시공 - Non-stop
　　　　　→ Stop시 탄장구조이탄 비점 명심.

7. 평가시험 ┌ 초기 : 비눈판 속도
　　　　　　└ 6m : ┌품질관리 비용 절감┐ → 평가단위수내 10양분검검.

Ⅳ 허용·관리기준 건축도로 S층구허용의 평탄성 관리

↓ Aⁿ-10mm　　↓ Aⁿ-10mm　　↓ : 평판양측압정치치 (국방법)

리밥정 (2m길이자)

표층

상층 ┌ 쟁안층 - 7.6m profile meter (무조식)
기층 └ 선리층 - Proof Rolling. 침하검검.

교량이음부 평탄성 개선 사례

V 콘크리트 장대교량 이음부 종방향 평탄성 개선 사례(대전-당진간기공)

개선 전	개선 후	비고 (평탄성)
SEG와 SEG 이음부 모철	4×4cm 이음구 4×4cm Block-out 실시 (NEW SEG시공성)	· 이음부 평란성 양호효과 · 누수방지 효과

- 끝 -

문 2   ACP의 채움재
답 Ⅰ ACP 채움재의 분류

    ┌ 광물성 ┬ 석분: 소석회, 생석회, 석회석분말
    │   └ FLY ASH, 리수러스트
    └ Carbon - black

Ⅱ ACP 채움재의 역할

  1) 골재 간극을 채워 안정도를 높인다 - 내구성증대

  2) 아스팔트와 혼합시 골재 피복효과 - 감온성

  3) 아스팔트 점성개선 - 유동및 취성방지

Ⅲ ACP 채움재중   석분을   첨가하는 이유

  1) 시멘트량감소   2) 내구성향상

  3) Interlocking효과증대   4) 차수성증대

  5) 재료분리 방지   6) 시공성 증대

배수처리 개선 사례

Ⅴ2   균열표 관리 대응방 개선방안.

1. 방지 대책

① 설계시   교통량 및 지역별 환경상태조건을 고려 적절하고 효율적게 선정

② 시공시   각공정의 계측 및 시공관리에 대한 효율성 제고

③ 유지보수시   구조수명 맞게 개선 및 유기적인 예산의 적재 사용으로 효율적게

2. 처리대책

① 콘크 포장에는   Scaling 및 균열발생. 밀림쌓기 등을 적절히 조사

② 아스. blow-up. spalling. punchout   조사 및 관리매뉴 사용.

Ⅴ2   아스콘포장사 균열표 포장의 효율성 관리.

1. 효율적 좋은 PMS의 가능하 보수/관리 종합 관리 방법

Ⅷ   산화채거가 않됨 및 기포와 연결관의 개선 방책과 개선방향.

1. 적용조건 : 건축지 관에 축계계 우수지로   아연 도. 나관로 구간

2. 문제점 : 경작지역의 산화재기 절차로 관과   토양 산성변화 발생.

3. 개선사례

1) 안전거체 및 방식구간에 대한 추가 내부사상로 설치

2) 기포와 연결의 기하 평탄기 처기 로 강지 내부체에 설치

3) Asphalt 계관을 개관 안전관로 사용하였으며. 라이닝이 로 이상관게 사용

아스콘 포장 내구성 증진을 위한 포장공법 변경 사례

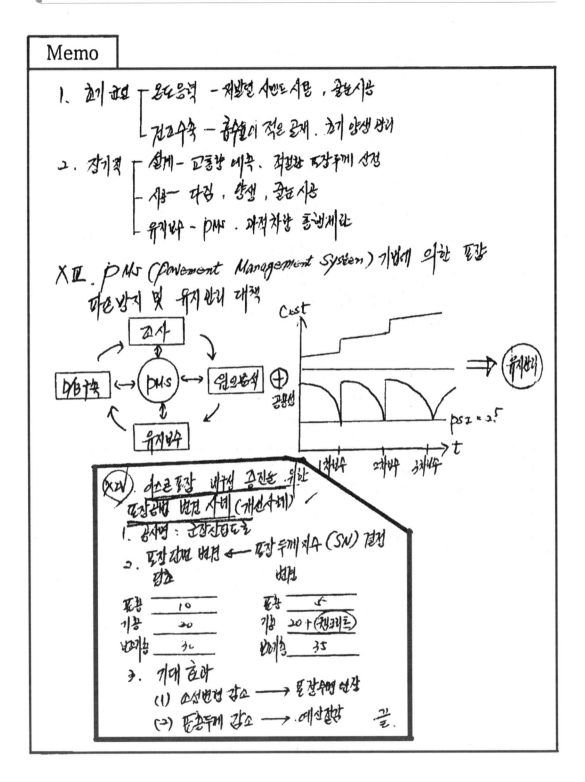

ACP 포장 파손 보수 실패 사례

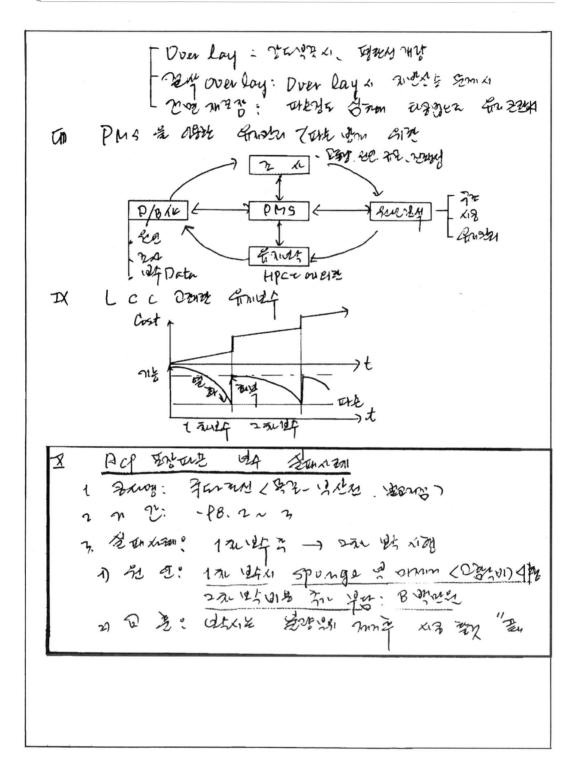

소성변형 발생 사례

2) 방수, 배수, 다짐도, 재료 등 시공 관리 철저.

3) 파손시, 긴 적정 보수 시행 / 유지 보수 공법 : 부분재포장, 재생, 표면처리, 진식
모수 " ; 모바레이, 진식덛씌우기, 전면 재포장.

2. 콘크리트 포장

1) 초기 균열 방지 / 온도 : 재료, 시공시기, 환경 등 근거
건조 수축 : 골재성질, 양생 근거

2) 설계, 시공 · 유지보수시 파손발생원인 해소 … 과 접착양 단속등 제도적, 접근도 확대

3) 보수방법 : 전단면보수 (blow-up, punch out), 부분보수 (spalling), 주입,
실링, 그라인딩 등.

VII. 판 사 균열

정의
1. 개요 : conc 포장 위 overlay 시 균열 발생
2. 방지 : 1) 상부계측정 : 대책에 비해 효과 부족
   2) 상하 보강 : 토목섬유
   3) 하부 본체제거기 : 효과 우수.

VIII. 경 험 사 례   양00.

1. 공사 개요

1) 공사명 : 경부고속도로 청원 - 신탄연간 아스팔트 재포장 공사

2) 공사기간 : 1993 ~ 1994. 12.   3) 공종 : 아스팔트 콘크리트 포장

2. 문제점 및 원인

1) 문제점 : 청원 - 신탄진간 10km구간에 소성변형 집중발생

2) 원인 : 교통 조기개방으로 양생 부족 및 AP량 과다사용.

3. 해결 방안 및 교훈

1) 해결방안 : 유기부 정삭후 전면 재포장 시행.

2) 교훈 : / 교통개방시 온도 준수 (50℃ 이하)
           \ 배합설계시 AP 사양 준수.   끝.

포장 요철부 마모 사례

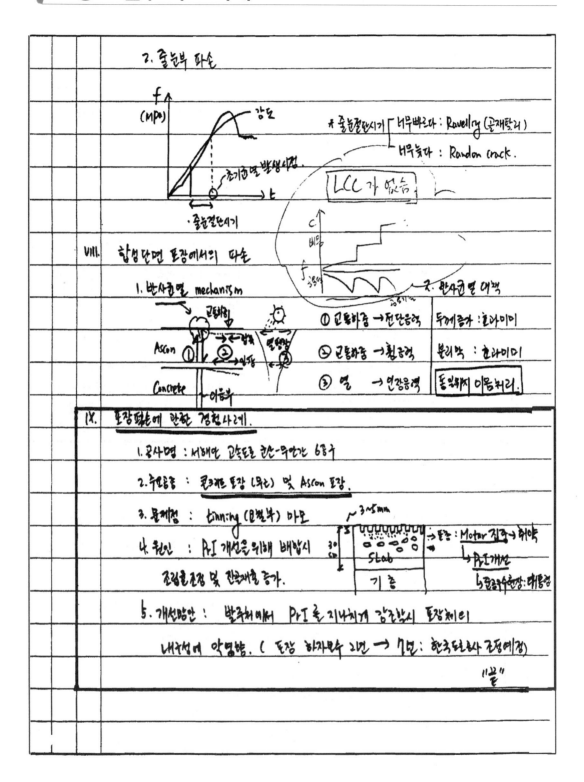

시멘트 콘크리트 포장의 줄눈 시공 사례

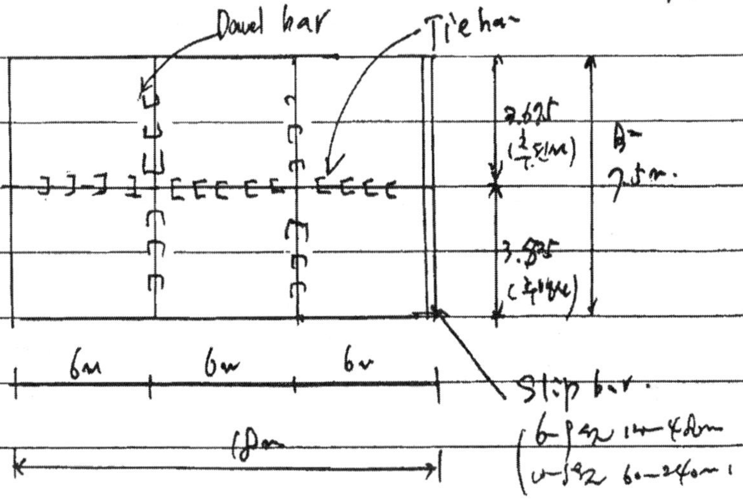

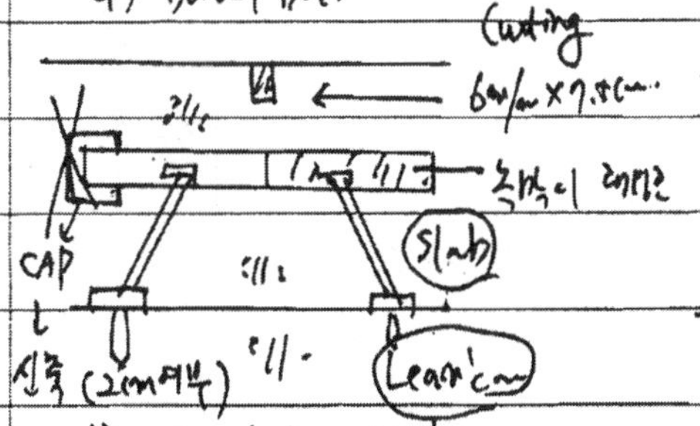

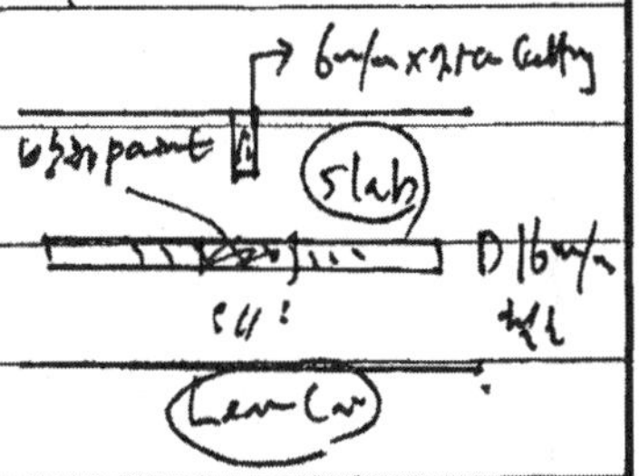

CCP 줄눈부 균열 발생 사례

2. 반사균열 저감 방안
   1) 아울균열 처리후 포장
   2) 상·하층 분리 시공 (토목섬유 삽입)
   3) 포장두께 증가 (좋은 방안이 아님)

VIII | **CCP 줄눈부 균열 발생 경험사례 - good !**

1. 사업 개요
   1) 공사명 : 대구-포항간 고속도로 건설공사 제4공구
   2) 시공시기 : 2003. 11.
   3) 공종 : 포장공 - 본선 CCP

2. 문제점

   가로줄눈 부위 관통균열 발생

3. 원인 ; 줄눈 Cutting 시기가 늦어 Random crack 발생

4. 해결 방안

5. 교훈
   ○ 줄눈의 cutting 시기 선정시 지역 여건 및
     특성, 기후를 고려하여 최대한 조기 실시
   ○ 절단시기 빠른경우 - ravelling
     절단시기 늦은경우 - Random Crack

콘크리트 포장 재시공 사례

VⅢ. PMS에 의한 유지관리.

* PMS : Pave Management System

IX. 콘크리트 포장 재시공 경험사례.   good 1

1. 공사개요. : 중앙고속도로 대구 안동간 4공구
   (4차로 무근콘크리트 포장   '99년 10월경)

2. 문제상황 : Slab 콘크리트타설 5일후 crack 18개소 발생
   (균열폭 : 0.3~0.5mm → 균열발생후 (core 채취)

3. 균열발생 원인 : 1) B/p Mixing Time 부족 (15~30초)
   2) 콘크리트 응결지연에 따른 Paver의 주시없음
   3) 줄눈 절단시기 지연

4. 처리대책 및 교훈.

   1) 처리대책 : 균열 단연 팻칭 11개소, 전면재사용 5개소 시행
      → 팻칭 및 전면재사용으로 평탄성 불량 개소 발생.

   2) 교훈 : 콘크리트포장 시공연 상세 확인 점검이 필수이며,
      온도별 적절한 줄눈절단시기 선정으로 초기균열을
      가로수축줄눈으로 적정 유도하여 고품질의 도로를
      건설해야겠다.

끝.

CCP 공법변경 VECP 사례

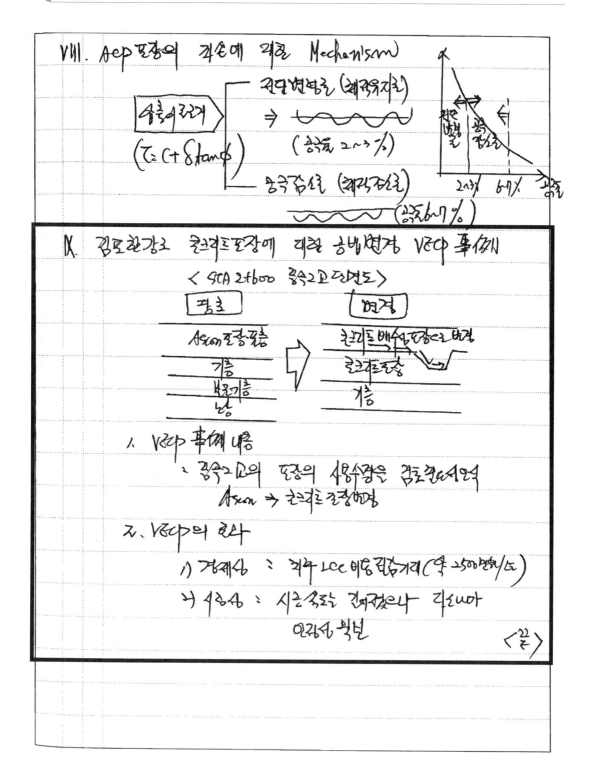

CCP 재시공 사례

```
┌──────┐      ┌──────┐      ┌──────┐
│ 계획 │ ───→ │ 건설 │ ───→ │ 운영 │
│ 단계 │      │ 단계 │      │ 단계 │
└──────┘      └──────┘      └──────┘
 ·기본 설계 수립   -건설        - Data 수집/분석
                  -Data 수집    - 시스템 유지관리
```

Ⅺ) 아스콘 포장과 콘크리트 포장의 파손 방지를 위한 유지관리 대책

     1. PMS

     2. LCC

Ⅻ) CCP 재시공 경험 사례

   1. 공사 개요 : 서해안 고속도로 당진-서천간 2공구.

   2. 현실 일 발생 일시 : 4차로 JCP 1999년 10월

   3. 문제점 : Slab cut 여선 → 층인측 → crack 15개소 발생

     (균열폭 : 0.2~0.4mm → 균열 발생부 core 채취))

   4. 원인 : 1) B/P Mixing time 부족 (4분 ~ 10초)

       2) cut 승합 지연에 따른 Paver의 수시 접촉

       3) 죽눈 전달 시기 지연

   5. 대책 : 균열단면 patch경 1개소, 전면재시공 5개소 시행

      → (patch경 및 전면재시공에 기준) 평탄성 분리.

   6. 교훈 : 1) 사용전 B/P 점검 철저 (분동시험, 모반 날씨상태등)

       2) 레미콘 운반차량 엄격배수 확보 및 장비 고장시 대책

       → 시공 계획서 반영

     3) 온도별 적절한 줄눈 절단시기 선정

                 "끝"

포장 단면 보수 경험 사례

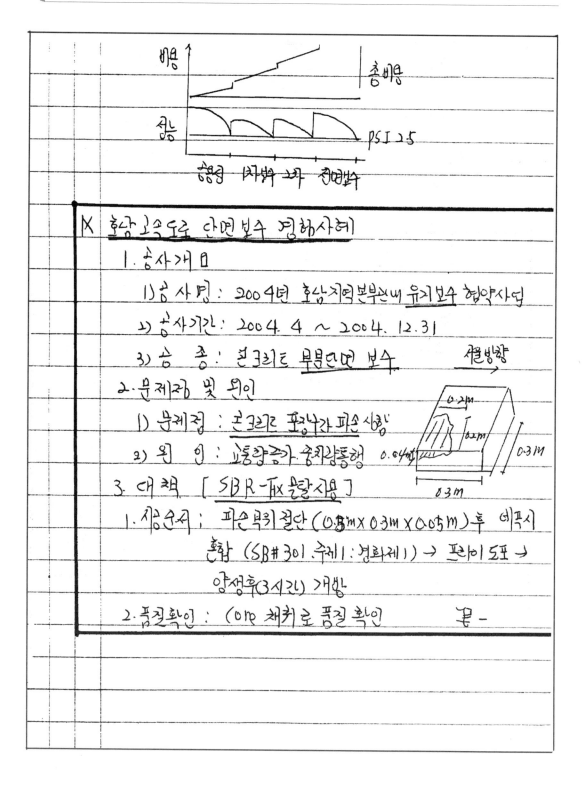

X 호남고속도로 단면보수 경험사례

1. 공사개요

1) 공사명 : 2004년 호남지역본부관내 유지보수 협약사업

2) 공사기간 : 2004. 4 ~ 2004. 12.31

3) 공종 : 콘크리트 부분단면 보수

2. 문제점 및 원인

1) 문제점 : 콘크리트 포장파괴 파손 심함

2) 원인 : 교통량증가. 중차량통행

3. 대책 [SBR-Tex 혼합사용]

1. 시공순서 : 파손부위 절단 (0.3m×0.3m×0.05m)후 에폭시

혼합 (SB#301.수제1:경화제1) → 프라이머도포 →

양생후(3시간) 개방

2. 품질확인 : (코어 채취)로 품질 확인   끝 -

교면 시험포장 사례

[문제I.4] HPC (High performance Concrete)

[답]

I. HPC의 정의

상입부산물인 F/A, 고로 slag, S/F 등을 콘크리트에
혼합하며 고강도, 고밀도, 고내구성을 향상시킨 교면 콘크리트

II. HPC와 LMC 교면포장공법의 차이점

구 분	H P C	L M C	비 고
포장체의 성질	강 성	강 성	포천북부
첨가재료	Silca fume + PVA	Latex	우리도로(A)
직접공사비(㎡)	42,500원	52,500원	개선공사
재료생산	현장 B/P	모바일 mixer	시험포장(2008.10)
포장두께	5cm	5cm	↳HPC기교면(2cm)

III. HPC 시공법의 장·단점 ┌ 높은 수밀성 재료 사용

1. 장 점 : 방수능 미세증, 내구연한 증가, LCC 총감소
2. 단 점 : 초기투자비 증가, 부밍 작업에 인원소요 증
   장기공용 성능 미검증 ↳인건비 증가

IV. 포천북부 우리도로(A) 개설공사의 교면 시험포장 순서 및 주의사항 (2008.10)

Water jet(표면처리) → 장비설치 → HPC 재료 생산/반입
↳부밍 작업 → 포설 → 타이닝 → 양생제 살포 → 습윤양생 → 교통개방

1. 재료관리방안 : Silca fume 5~10% + PVA 섬유
2. 배합관리방안 : Gmax=13mm, slump=16cm, 공기량 6%
3. 시공관리방안 : 표면박리용 고압 Water jet, 부밍 작업

도막방수 실패 사례

문제 교면방수   아

답 Ⅰ. 교면 방수의 목적.

· 경부고속철도 교면방수 시공은 산성비 등으로부터 구조물의 중성화 (중화현상)를
방지하고, 고속주행 차량의 급정거시에 충분한 강성을 발휘할수 없는 공법을
적용하는 목적으로 하였음.

Ⅱ. 경부고속철도 교면방수 공법선정시 고려사항 (Sheet : 궤도부, 도막 : 보도부)

구분	Sheet식	도막식	침투식	비고
장점	방수성 우수	시공성 방수성우수	시공성우수	시공성
단점	시공성 불량	고가	침투성 난이	침투〉도막〉Sheet
경제성	₩25,000/㎡	₩35,000/㎡	₩10,000/㎡	고강도 40Mpa 침투성능 불량
실적	다수	보통	다수	

Ⅲ. 고속철도 교면 방수 시행시 문제점.

보도부   궤도부   보도부
        (10m)   (2m)

Sheet방수   도막방수

1. Sheet 방수
   Ap반죽시공 120~160℃/교온 ⟶ Sheet 변형

2. 도막 방수 → 이슬점 이론
   오전도막 차가운S/대/토면 ⟶ 도막 함층이슬

Ⅳ. 도막식 방수 시공시 실패사례.

1. 문제점 : 오전도막 시공분 ⟶ 이슬맺힘 ⟶ 접착성·방수성능 저하

2. 개선 : 도막 방수 오후만 시공 (S/대 토면 가열후) → 공정지연, 원가상승 요인 발생

                                                        "끝"

✎ 침투식 방수공법 적용 실패 사례

Ⅲ LMC를 이용한 교면방수 Mechanism

물 + Polymer → Latex
(50%)   (50%)

(교면방수)

Ⅳ 교면 방수제의 재료적 요구성능

─ 일반적 소요성능 ⟨ 물. 염분. 화학물질. 침투저항성
                   균열. 동결융해 저항성
─ 시험시 소요성능 - 침투 깊이. 내열성. 내구성

Ⅴ 교면 방수 시공시 현장 관리자로서 유의사항

1) 레이턴스 및 표면 잡물 제거

2) 교량 평탄성 불량시 연마작업후 방수시공

3) 시공 기온은 5°C 이상 25°C 이하에서 시공

4) 방수 시공시 표면 완전건조 상태 유지

─────────────────────────────────

Ⅵ 교면방수공법 적용 실패사례   good!

1) 공사명 : 영동고속도로 8공구 (1994 ~ 1996년)

2) 구조물 : Ⅰ. LM교량 상부공 (680M)

3) 문제점 : 교량상부 균열로 인한 침투식 방수효과 저하

4) 대책 : 침투식 시공후 Sheet 방수 재시공

5) 교훈 : 균열 처리후 방수공법 적용

─────────────────────────────────

— 끝 —

교면방수공법 적용시 문제발생 사례

| 문제) 교면방수 | | | | OK |

답 I. 경부고속철도 교면방수공법 선정시 고려사항

구분	Sheet식	도막식	침투식	비고
장점	방수성 우수	시공성·방수성 우수	시공성 우수	시공성 침투>도막>Sheet
단점	시공성 불량(밀림)	고가	방수성(침투성)불량	$f_{ck}=40MPa$ 고강도 침투불리
경제성	₩25,000/㎡	₩105,000/㎡	₩10,000/㎡	
실적	다수	보통	다수	
선정	◎	○		경제성 우선고려

II. 교면방수 시행시 문제점

구분	게도부	활도부	비고	
경부고속 1차공구	도막식	침투식	충북대('97)	
2차공구	Sheet식	도막식	경기대('01)	

1. '97 시행시 ┌ 게도부 도막식 - 도막두께 확보 난이 (설계2회→실7~8회 4mm)
          └ 활도부 침투식 - 고강도 콘크리트 침투성 대단히 불량. 실패후 재시공

2. '01 시행시 ┌ Sheet식 - AP 포설 시공시 고온ASCON : Sheet 변형 → Air pocket.
          └ 도막식 - 온도·습도 비고려 → 이슬맺힘 → 접착성불량
                              └ 이슬점 : 특히 DEC 감리단

III. 이슬점 으로 인한 도막 방수의 대책.

도막방수
Concrete slab → 이슬맺힘

┌ 대기온도·습도 ⇆(화비) 구조물 표면온도 → 구조물 표면 이슬.
├ 문제점 : 에니지 작업중지 → 공정지연, 원가상승
│   └ "감리단 오전작업중단 지시서"
└ 대책 : 13~17시 공사집중 → 표면온도 상승.

"끝"

🔖 사장교 교면방수 공법 적용 사례

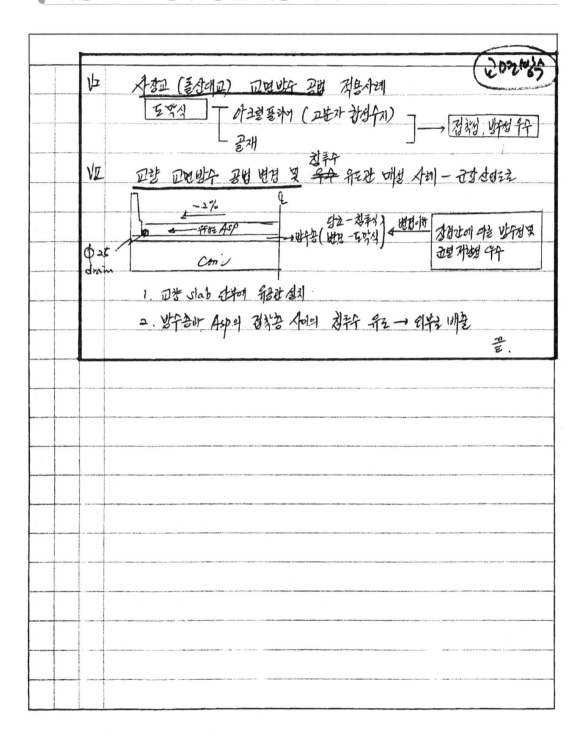

교면 Sheet 방수 적용 사례

V. 경험 사례.   앙아익!   (교면방수)

1. 공사개요

(1) 공사명 : 경부 고속도로 over-lay 공사

(2) 공사기간 : 1989년 3월 ~ 1989년 12월 :

(3) 교면방수공법 : 미호천교 교면 sheet 방수

2. 문제점 및 원인

(1) 문제점 : sheet 포설후 sheet의 접착성을 위하여 (부착)
   Tire Roller로 눌러주기 위해 주행시키는데 Tire
   Roller에 sheet가 달라붙어 말려고, 말림현상
   발생

(2) 원인 : sheet 포설후 Tire Roller에 Primer가
   접착되어 발생 -

3. 해결방안 및 교훈

(1) 해결방안 : sheet 포면에 안깔은 Filler를 부린후
   Tire Roller 진압하여 sheet가 밀리고, 말리는
   현상 방지.

(2) 교훈 : 작업전 충분한 작업 방법 검토부족.

Sheet 방수 기포 발생 사례

√ (교면 sheet 방수)(전주육교 전면개량공사) 경험사례

1. 공사기간 : 2001 ~ 2003 년

2. 문제점 : 기포발생 (교면)

3. 원 인 : 접착부위에 가열이
되지않아 기포가 교면에 발생

4. 대 책 : S.송곳을 이용하여 기포제거후 1ton 진동 roller
이용 재다짐

-끝-

교면방수 신공법 적용 사례

6. 교면방수의 분류별 비교

구분	Sheet식	도막식	침리코 침투식
공비	고가	고가	저가
공기	빠름	늦음	빠름
장점	압축성 요원	접착력 우수	시공용이
단점	들림현상	외력 관리	균열 발생시 방수성 저하
적용	Con'c/steel	Con'c/steel	Con'c

7. 교면방수의 현장 적용시 문제점 및 대책

구분	문제점	대책
방수막식	상위 Slab 편거에 낮은 온도 용고임 동결기 Sheet 경화 → 파손 박리	방수층 상산 배수 pipe 설치 도막식 적용
침투식	고강도 Con'c 침투깊이 작으 곤란 안봉유리 균열 발생시 방수효과 저하	방수막식 적용 방수막식 적용

8. 울산대교의 교면방수 신공법 적용실례

1) 적용재료 : 아크릴 폴리머 (고온과 탄성우려 + 골재)

2) 적용성 : 탄성과 내구성 (강제 열팽창율 유사) 접착성 확보

3) 요소도

교면포장(강상판)파손 및 보수 사례

교면 포장보수 사례

2) As계 포장시 $t_a = n \cdot t_w \cdot \alpha$ 에서

- L 높아면 강도개선
- α " 폭래앗 응녕효과

3) L 에 포장시 그라우팅 (건조수축, 온도응력) 제거

4) 바탕처리 정리, 각종재료 및 다짐 관리.

2. 유리보수 공법 선정

1) 보수방법 선정기준

① PSI (노면평탄지수)

- 기능적, 구조적, 안전적

PSI	1	2	3
공법	재포장	단면수복	줄눈메꿈

② MCI (유지관리지수)

ㆍ 유리보수 공법

MCI	3	4	5
공법	긴급보수	보수	상세보수

	ACP	CCP
유 리	Patching. 표면	Sealing
보수	절삭. 표면over lay	부분. 표면포장

VI. 현장 시공사례.

1. 공사개요 [공사명 : 서강대교 포장보수공사

공사기간 : '97. 6 ~ 7

개요 : 로만달수 교면포장 니탈발생에 보수함.

2. 문제점 [준공6개월만에 포장파손 (rutting·포트홀)

개질Asphalt 사용해도 조기파손

3. 대책 및 교훈 [일차적 표면처리후 재포장.

설계시 구조적 강도 배려 설계. 재료개선 및 설계비과학. 끝

이슬점 확인을 통한 도막방수 시공관리 사례

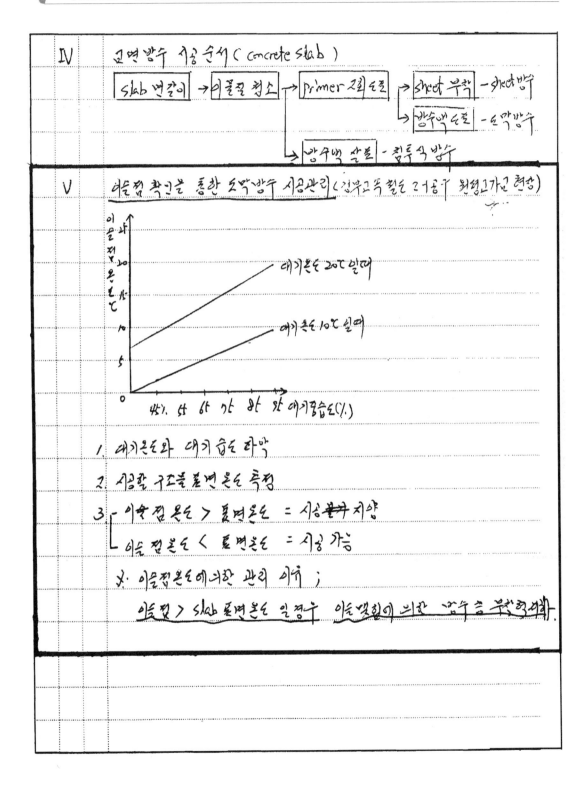

Ⅳ 고면방수 시공순서 (concrete slab)

Slab 면갈이 → 이물질 청소 → primer 2회 도포 → sheet 부착 - 시트방수

→ 방수액 도포 - 도막방수

→ 방수액 산포 - 침투식 방수

Ⅴ 이슬점 확인을 통한 도막방수 시공관리 (접착고독 철도 2차공구 원형고가교 현장)

1. 대기온도와 대기습도 타막

2. 시공관 구조물 표면온도 측정

3. ┌ 이슬점온도 > 표면온도 = 시공 지양
   └ 이슬점온도 < 표면온도 = 시공 가능

4. 이슬점온도에의한 관리 이유 ;

   이슬점 > slab 표면온도 일경우 이슬맺힘에 의한 습수층 부착력저하

Sheet 방수 부착력부족에 따른 밀림 사례

2022방수

2. 최근 : - LMC 포장으로 방수제 역할 대처
- 고착성 고결 침투식 방수제 ; 침투깊이 개선 (20-30% 이상)

√ (경험 사례)

1. 공사 개요
   1) 공사명 : 대전 - 전주간 고속도로 건설공사
   2) 공사기간 : 1995. 2 ~ 1999. 12
   3) 구조물 : sheet식 방수공법

2. 문제점 및 원인
   1) 문제점 : 포장 밀림 과속
   2) 원인 : sheet식 방수시공시 부착력 부족

3. 해결 방안 및 교훈
   1) 해결 방안 : 포장 제거후 sheet 재접착 및 재시공
   2) 교훈 : 교면 방수전 이물질 먼저 제거 및 건조 상태 이서 접착시행
   계절 방수공법 채택 시행.   끝.

합성단면포장 변위발생 사례

Ⅶ. CCP의 포장파손 대책

　방지대책
　　설계시 : 고강도 예측도. 낮은 CBR. 동결심도 고려
　　재료적 : 재령 W/C. g/a 낮게 Qmax 크게
　　시공시 : 아스팔트 재계 및 초기균열 방지대책

　처리대책
　　초기발생시 ~~pavement~~ PMS에 관한 유지관리
　　보수공법 - 건식공법 - 과실보수

Ⅷ. ACP와 CCP의 합성 판단

1. 현행 국도 Pavement. Management. System의 기대적
보수 시설 현장 관리 방법. (건설정보화)

　요인자료 수집 ── 처리과정
　　　　　　　　　│
　　　　　　　　　↓
　　총괄 종합 관리 ── 환산축하중 교통량 ←── 시내도로 교통

　　　　　　　　　　　　← 시내도로 교통

　　　　기대적 보수공법

　D/B구축 ↔ PMS ↔ 현장분석
　　　　　　　↑
　　　　　　유지보수
　　　　　　　조사

Ⅸ. 합성단면 포장 시공현장사례

1. 공사개요 : 공사명 : OM - 강경간 도로 확. 설장 공사 (1/00 ~ 1/00)
　　시행청 : 익산 지방 국토 관리청 시공사 : 현대건설
　　공사장 : 기존도로 확장구간 지반 (강성 확대)

2. 관계점 및 해결과 포장기부에 따른 상대 변위

3. 대책 및 의견
　1) 해결적 방안
　2) 후리 시공 (불가피)

합성단면포장 시공개선 사례

Ⅷ 합성단면포장 (Asp+cp) 시공 개선 사례.

1) 공사개요
 - 장유 IC 확장공사 (1992 ~ 1994)
 - 포장단면 : Asp (t=10cm) + cp (t=20cm)

2) 문제점
 - 기존 상수관 토피부족으로 보로 cp
   위 Ascon 포장 후 균열발생

   Asp (10cm)
   노두 cp (20cm)

   ◯ 상수도
   (600mm)

3) 개선 시공
 cp를 전면 재개주 상수도관 주변
 Conc를 타설 완료 보로후 Ascon 재포장실시

                                   "끝"

Part 2

Professional Engineer Civil Engineering Execution

영종대교 : 3차원 자정식 현수교

ILM 공법 시공관리 사례

3. 교각작업에 따른 안전관리
4. 품질 관리
Ⅳ. 시공시 주의사항
1. Segment 이동, 콘크리트 타설 주의
2. 강우, 강설, 강풍시 작업중지
3. 안전 관리
4. 양생 관리 (초기 양생 관리 철저)

1. 경험 사례   교량가설

1. 공사명 : 영동고속 도로 확장공사
2. 공사기간 : 1990년 ~ 1994년
3. 주요공법 : 섬강교 ILM 공법시공

2. 문제점 및 원인
1. 문제점
   압출시 sliding pad 를 교각과 slab 접촉면에 삽입을 못하여
   구조물 파손 및 균열으로 기울감 발생
2. 원인
   각 교각에 작업 배치 무선 연락 과정에서 작업자 관리소흘

3. 해결방안 및 효과
1. 압출작업 중단 하고 Jack 을 설치 seg를 올리고 pad 삽입
   및 연락 중단 선행 저감 함
2. 효과 : 각 교각 상단 작업자 배치 압출시 신속한 상황전달로

ILM공법 Breaking Saddle 시공 실패 사례

X   ILM 공법 Breaking Saddle 시공 실패사례   good!

1) 공사개요

- 중부내륙 고속도로 건설공사 16공구

- 공사기간 : 1996 ~ 2001

- 구조물 : Breaking saddle 에서 임시교각

2) 문제점

- 종단구배 (1.29%) 를 가져야하는 Breaking saddle 이
  수평하중을 못견디고 파손됨

3) 개선사항

- Breaking Saddle 고정 강판 (t=30mm) 보다 두께 강판사용

- 임시교각 상부 수직력 보강 및 보강판 고정 Bolt 추가설치

- Abutment 의 임시교각 의 4면을 강판으로 보강

" 끝 "

ILM 공법 Seg제작 거푸집 개선 사례

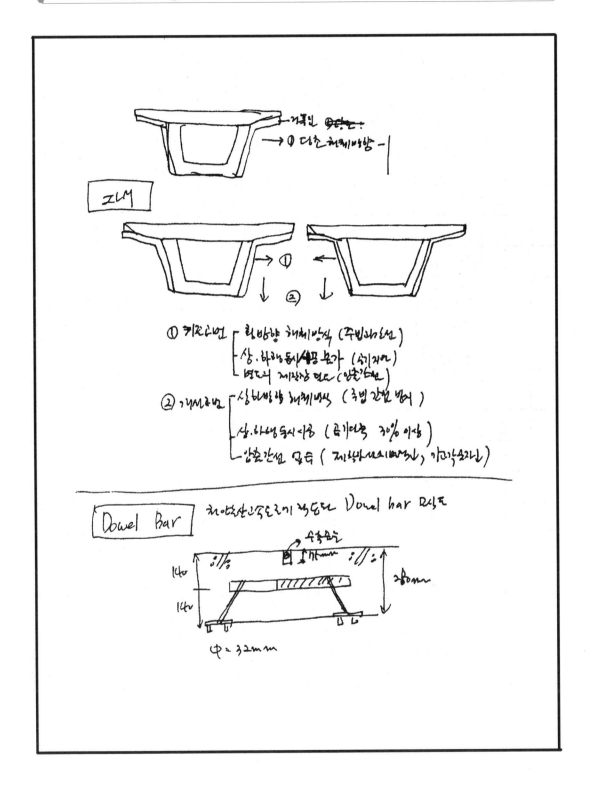

ILM공법 Nose부 강재연결 부위 개선 사례

3) 검사방법 - 스트레인. 누설검사

Ⅶ ISO 9000을 활용한 연결부 품질관리

현상 및 관측	문제 발생 →	원인분석
├육안검사. 이파리았 문제해결		├내적. 외적. 인적요인
└계기:H-Stogram. X-Ray 판리도		└기법.특성요인도

Ⅷ 기계적 연결 방법과 야금적 연결방법의 차이점

구분	기계적 방법	야금적 방법
연결부형상	복 잡	단 순
시공법	단 순	복 잡
환경	거의 없음	제 약
경제성	고 가	저 가
		뿌, 다음으로 위시

Ⅸ 고장력볼트 마찰력의 Mechanism

1) 축하중평행 ─ 인장
2) 축하중직각 ├ 마찰
                지압

Ⅹ I.L.M 공법 NOSE부 강재연결부위 개선사례

1) 공사명 : 서해안고속도로 8공구
2) 공사기간 : 1999.4 ~ 200.1.7
3) 구조목 : I.L.M 교량(880M)추진코(NOSE)
4) 개선사례

Memo

개 선 전	개 선 후	비고
고장력 Bolt ─ 이음부 ─30T 강재 이음부 간격부족 으로 인한 고장력 Bolt 손상	이음부 이음부 간격 충분히 이격 팽창 수축 원란	I.L.M 교량 특성상 잦은 반복하중으로 인한 Bolt 파르도 해결
끝		

MSS공법을 PSM공법 변경 사례

1. 처짐관리 ┌ Segment 중앙에 check point 설치
   ├ presetting level 조정
   ├ 도료관리
   └ 처짐량 만큼   상향 조정

2. 보정방법 ┌ 보정값 = X (설계값과의 차이) /M (남은 Segment 수)
   └ 최대 보정치 = ±8 mm

Ⅶ. Cantilever (FCM) 교량의   Camber 관리시 문제점.

: 교량의 평탄성 저하

평탄성 (IRI) → 아스팔트 포장 → 2차 포장.
200cm/km 초기 평탄성

Camber : 166cm/km

평탄성 저하

↓ 100cm/km 이하

Ⅷ. PSC Box Girder 교량의   시공 순서

준비 → 제작 → 인장 → 마무리

ILM 접속
FCM
MSS
운반   PSM, 가교 (연결사용)

Ⅸ. PSC Box Girder 교량 시공 개선 사례.

Ⅰ. 공사개요

   1. 공사명 : 경부고속철도 제 2-1공구 노반신설 기타공사

   2. 공사기간 : 1994. 12. 31 ~ 2001. 9. 30

   3. 규모 : 교량 7.7 Km (6개소)

Ⅱ. 현황 및 문제점

   1. 현황 : PSC Box Girder 선계 ⇒ MSS 공법.

2. 문제점 ┬ 인서시 많응 MSS 장비와 인력동원 → 수습혼란 → 품질저하 우려

└ 안전사고 및 시공방니 어려움.

Ⅲ. 개선 내용 및 효과

1. 개선내용 : PSM (Precast Span method) 공법 도입.

　　　　　　└ 길이: 20~30m , 무게: 600~760t

2. 효과 ┬ △도의 품질확보 : 공장 작업, Pretension

　　　├ 획기적인 공기단축 : 20~30일/span → 2~3일/span

　　　├ 획기적인 공사비 절감 : MSS 공법 대비 86.7%

　　　└ 안전성 확보

　　　　　　　　　　　　　　　　　　"끝"

FCM 시공 및 개선 사례

		장점	· 콘크리트 품질관리 용이	· 기상조건에 영향 적음	· 반복작업으로 노무비 절감 .	· 가설작업의 선택 → 공기단축
특 징		단점	· Box Girder 박막 균질형성 · 직선· 단일곡선에만 적용가능.	· 이동식 거푸집>대형 · 단면 변화시 사용곤란 · 최기투자비큼	· 불형 모멘트 발생 · 캠버관리가 어려움.	· Segment 운반가설 → 대형장비 필요. · 선형관리 어려움

Ⅵ. PSC 교량 가설공법 선정시 고려4항

　1) 지반조건 : 가설지점의 지형, 지질, 기상 등

　2) 사항조건 : 수송 및 운반도 경제성, 안전성, 공기

　3) 구조물조건 : 구조형식, 가설응력, 설계조건 등.

　4) 환경조건 : 주변 환경영향 등

Ⅶ. FCM 시공사례

　1. 공사 개요.

　　□ 공사명 : 동해고속도로 확장공사 (동해-주문진) 제4공구

　　─ 교량명 : 신성우1교.

　　○ 형식 : ─ 상부공 PSC Box Girder (F·CM)

　　　　　　─ 하부공 : P1, P4 (벽식교각), P2, P3 (중공식 교각)

FCM 교량 평탄성 관리 사례

VI. 일산장수 현강위 FCM 교량 평탄성 관리 사례

측강현유거 Center, Left, Rihe (측강 Level 관리)

4×4cm Block out

가설메는

Stay Cable

생 Seg

추가 Seg

→ 평탄성개선 → 여격고착다

→ 유지관리비. 2.5억 감소

VII. FCM 공법의 시공시 눈여사항 (일산장수 근거르 5개소)

재료 - 급특부식에서 한과세병. Mass Con (저열시멘스)

배합 - [w/c - 40% (w/b)
      [slump - 21cm
      [S/a 적게. Gmax 크게 + 한과세 사용 (드/s)

시공 - [특수부 : 수화열거감. → pipe Cooling 설치
      [확산 10m → 다전화 설치

VIII. 맺음말

1. 불전한 산악지여에 처아가 용간을 FCM시공적용

2. slipform 이 의한 근편강학적. Segment 라당이 수식기시 시공되어 박아저고 남가게약 되소

3. 기간장 최대 175m 이상 래르시야 여려텀다

FCM공법 불균형모멘트 및 시공 중 안전성 확보 사례

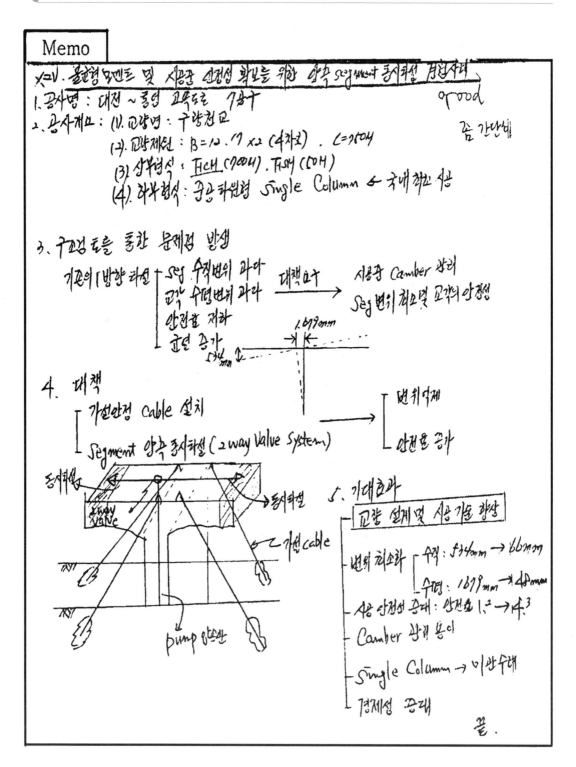

FCM공법 시공개선 사례

1. FCM교량의 분류 (상부구조)

구분	구조계	장·단점	비고
정정정형 (1 pier)		· 완성후 처짐량 적음 · 사하 열로의 가설시 상장치 불필요	

2. 주요 가설순서

Form Traveller 전진 및 고정 → Segment 축조 → PC강재 긴장

- Form Traveller를 주두부에 설치
- 상부 Segment에 맞게 반잭된고정

- 거푸집(Bottom/top/web) 조립
- 철근조립 및 PC케이블 설치
- 콘크리트 타설

- 콘크리트 타설
- 캔티에 PC 케이블 긴장
- PC케이블 긴장 (410 ton/본)
- 거푸집 해제

4. 중앙폐합부 (KEY-Segment) 시공

1) Key-Seg 콘크리트 타설전 양쪽 Cantilever 고정

2) 콘크리트 타설은 Slab가 기온에 의해 거상 많이 늘어나 있는 오후 늦게 타설
(상향 거동 시작시)

Stress Bar (Φ38)
Key-Seg

5. 시공개선 사례 good.

1) Segment 단부 강재 거푸집 사용

ㅁ 당초: Seg 단부 거푸집 합단 1회로 설계 → 해체시 대부운 파손

ㅁ 개선: Seg 단부 거푸집을 강재거푸집으로 개선사용

① 반복적으로 설치속도 향상, ② 케이블, Duct 설치 정도도 향상

2) 콘크리트 윗배기 개념 활용

콘크리트 윗배기

ㅁ Seg 콘크리트 타설시 양방향 Cantilever 균형을 위해 좌우 순차타설

① 양방향 동시 타설로 우발적인 Camber 방지
② 이어치는 부위의 Cold Joint 형성 방지 끝.

FCM공법 채택 사례

Ⅵ. 시공 관리시 유의 사항

1. 계측관리 : 1) 처짐량. 변형량 관리

     2) 동일장소. 동일시간 측량 하여 관리 (여측점 오전7시)

2. 품질관리 : 1) Conc : 동일 재료원 사용으로 균일성 유지

     2) 강도 : 양생기간관리 및 배합설계 확인.

3. 안전관리 : 1) 교소 작업으로 추락 방지 대책 강구

     2) 양생전 사하중 (자재 장비) 증가 차단

4. 환경관리 : 1) 교량선정시 산악지대 여건 고려 (색상등)

     2) 하천 통과시 수질오염 등 대비

Ⅶ) 시공사례.

1. 공사 개요.

 1) 공사명 : 동이 - 청성간 확장 공사.

 2) 공사기간 : '02. 2 ~ '03. 12

 3) 구조물명 : 강교 4교 F.C.M 교량

2. 문제점 및 원인.

 1) 문제점 : 하천 (금강) 통과 및 산악지 통과 으려 기본설계시 강교설계

 2) 원인 : 금강휴게소등 입지 조건 미고려. 하부 크레인 설치 불가 (하천)

3. 해결방안 및 교훈

 1) 해결방안 : 아치형의 미관을 감안한 F.C.M 교량가설공법 채택.

 2) 교훈 : 설계시 지형조건 및 주위 여건을 고려. 끝.

FCM공법 시공개선 사례

2) 압출공법 (ILM)
① Jack 압출능력의 한계로 교장에 제한 (약 1,200m)
② 미끌 저항력이 없는 Sliding Pad 사용 필요하여
   하부 평탄성 문제가 중요시 됨
③ 교대 뒤 계측량 공내복 및 지반보강

3) 이동식 지보공 (MSS)
① 횡방향 변화, 즉 단면변화 시공 불가
② Con'c 타설시 MSS 조립

[문제목] Ⅷ. 북안 현당에너지 교량 가설공법 시공개선사례   good!
PSC Box Girder
타임수서

1) 공사개요
① 대전-통영 고속도로 제17공구 구암1교 (FCM)
② 연장: 750m. 공사비 384억원

2) 문제점 및 원인

교각수평변위
1,679mm

(시공변상)
S경 수평변위
534mm

이것은
팽창요 ? (아니)
(뒤에 그림보고
공복되는 느낌)

① 구암1교 가설시 교각 수평
   변위 및 시공변상

② 가설시 구조물 안정성 확보 위한 변위 최소화방인
   검토 필요

3) 시공개선 사례

구분	수평변위	시공현상
당초	1,679 mm	534
변경	48 mm	66
감소효과	△97%	△88%

앞에 2번은 여기 추가시킬때 현도에
너무 복잡해 보였다 잘이시요 . .

Form Traveller   상부 plate   P/T (seg 양방향 2way system)

3 2 1   1 2 3

60m

Stay cable
(가외연경케이블)
→ 균열 최소화

coupler

암반층

Rock Anchor
+ grouting
L=8m

< 따란통영 고속도로 FCM 교량적용 구량리교 >

① 가외안경 cable 설치

- seg conc 타설 순서화에 의한 교각 상단 수평변위
및 시리엄스을 감소시켜 균열을 최소화

② seg 양방향 동시타설 시행 (2-way system)

- 교각 상단부 응력 불형형 모멘트 억제로
캠버관리 및 균열 감소

끝!!

FCM공법의 콘크리트 타설 시공 개선 사례

측정센서	→	자료처리	→	원격제어장치	→	완공후
- 지진계 - 로드셀 - 절대 변위계 - 풍속계						- 처짐계 - 변형계 - 가속도계

X PSC 교량시공시   Stressing 관리요소

인장전	인장중	인장후
- 국부침하방지 - 양생주의 - 균열 발생주의	- 정착판의 활동방지 - 대칭긴장 - 강도의 80%이상발현	- 신장량관리 - (amber관리)

XI FCM 방법의 콘크리트 타설 시공개선사례 (횡성대교 적용)

1) 문제점 ┌ 기존 : 일방향 타설시 구조물의 불균형 Moment 발생
          └ 개선 : 콘크리트 분배기 설치 균형 타설

기존 사례	개선 사례	효과
1차타설 2차타설	분배기 이용 동시 타설	○불균형시 발생 되는 캠버오차 제거

- 끝 -

MSS공법 시공 사례

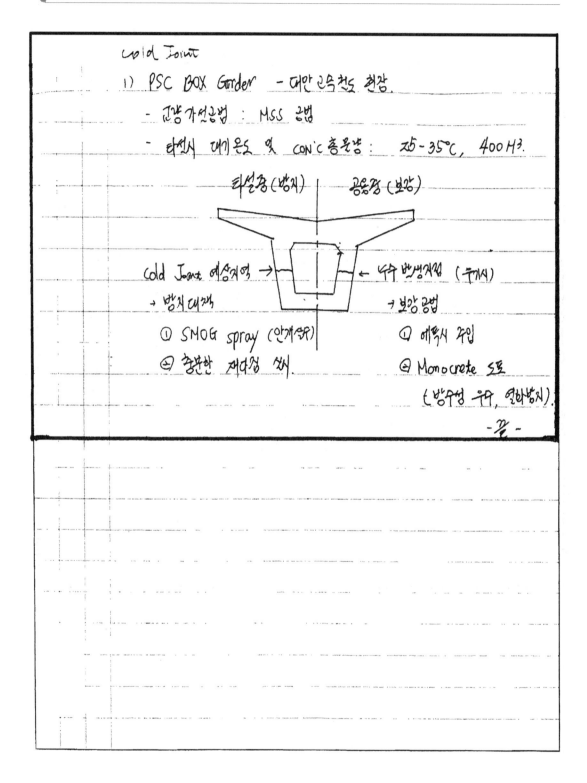

Cold Joint

1) PSC BOX Garder - 대만 고속천도 현장

- 교량가설공법 : MSS 공법

- 타설시 대기온도 및 CON'c 총물량 : 25-35℃, 400 M3.

타설중(방지) | 공용중(보강)

Cold Joint 예상지역 → | ← 누수 발생지점 (두개서)

→ 방지 대책 | → 보강 공법

① SMOG spray (안개살수) | ① 에폭시 주입

② 충분한 재타설 살수 | ② Monocrete 도포

(방수성 우수, 열화방지)

-끝 -

신축이음장치 물받이 개선 사례

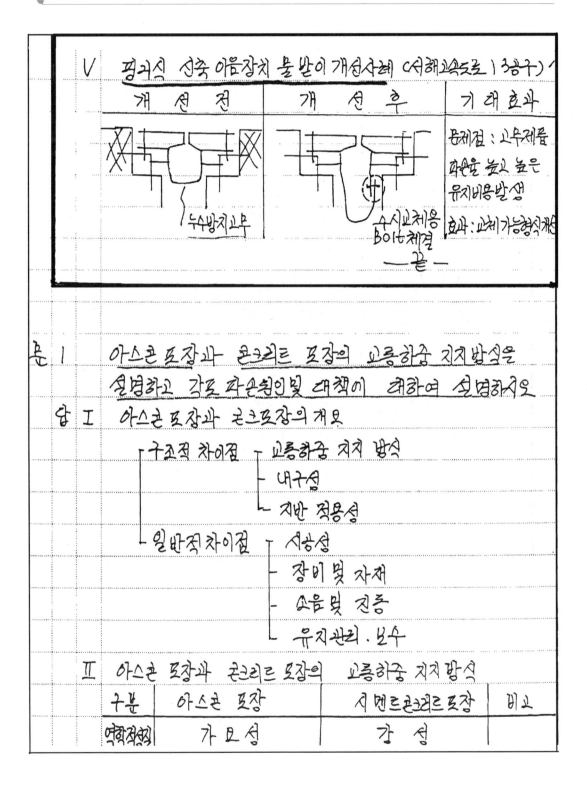

신축이음장치 하부 누수 사례

V　　신축이음장치 하부 누수 실패사례　　good　　〔신출김치〕

1. 공사명 : 고속철도 제5-1공구 노반신설 기타공사

2. 교량명 : 연제교

3. 공사기간 : 1998년 10월.

4. 문제점 : 신축이음 설치 하부 누수

5. 원인 : 앵글 설치후 무수축 concrete $fck = 400kgf/cm^2$ 타설시
　　다짐불량에 의한 공동 발생 → 누수.

6. 처리대책 : 앵글 상부 천공 (공동부위) 후 에폭시 주입 견수

7. 교훈 ; 앵글상면에 점검 hole $d10$ 천공하여 타설시 충전 여부
　　확인, 및 다짐 철저.

교량공사시 유리관리 시스템 도입 사례

BMS 적용

답. 교량계측시 관리와 시행 계획도 → 문제기 맞게 수정필!

계측관리
시험Line
계측치

측정Line
참버럭Line
실계측

1. 계측적 기설계치
   1) 시공시 feedback
   2) 시험Line 초과시 설계변경
2. 계측치 < 설계치
   시공 참버럭 Line 초과 변경

답. 성능 개선 사례

1. 공사개요
   1) 공사명: 김포대교 건설공사
   2) 공기: '92.12 ~ '97.10
   3) 개 요: 교량관리 유리관리 시행도입 (Budge Management System)

2. 적용내계
   1) 센서 매설·추적
   2) 검사기기 및 현장통제실 설치 (Hard ware 및 Soft ware)

3. 적용효과
   1) 교량 건설상태 정적 효가
   2) 안정성 확보하고 예방적 관리.

끝.

강교 도장 사례

2. 시기별 용접 검사 방법

- 용접전 - 틈새, 구속법
- 용접중 - 전류, 속도, 자세
- 용접후 - 비파괴 검사 ┬ 육안검사
  └ 비파괴시험 ┬ 외부 ┬ MT
                          └ PT
                  └ 내부 ┬ UT
                          └ RT

Ⅶ. 강구조물의 내구성 확보를 위한 강재 부식 대책

- 부식 허용 대책 - /설계시 부식치 고려
- 부식 방지 대책 ┬ 표면 피복 - Expoxy, Pentrolatum
                    ├ 전기방식 - 외부 전원, 희생 양극법
                    └ 내식성강, 방청제

Ⅷ. 시공 개선 사례   강교도장

1. 공사개요

① 공사명 : 부산 컨테이너 배후도로 건설공사

② 공사기간 : 1994 ~ 1997. 12.

③ 구조물 : 원동고가교 Steel Box

2. 문제점

당초 설계시 강교 도장 처리를 염화고무계 도료 도색으로

되어 해풍등에 의한 부식에 취약성 노출.

3. 개선방안 및 처리

염화고무계 도료를 염해, 부식등에 강한 내후성 도료로

설계 변경하여 시공함. (내구성 향상).   - 끝 -

Part 2

Professional Engineer Civil Engineering Execution

죽령터널(NATM) : L=4.6km, B=11.3(2차선)

암반분류방법 개선 사례

너무난해한가요?

XI) 본인현장에서의 암반분류방법 개선사례

1) 공사개요 : 부산 - 울산 고속도로 제9공구 (두현 ~ 울산)

2002. 1 ~ 2005. 12 (예정)

2) 현행분류와 개선된 분류방법 비교표

구분	현행지반 분류방법	개선 방법
적용방법	RMR, Q-system	요소별 Histogram
분류방법	· 각 분류요소별 평점 → 합계 → 암반평가	· 적용 암반 특성 규명 → 요소별 평점
특징	· 암반의 전체적 기술 및 요소별 정량적 평가	· 각각의 암반분류 요소로 쉽게 바꿀수 있는 암반상태 전체적 기술이 가능
현장적용	· 현행 지반분류 방법으로 전체적인 암반등급 산정후 요소별 Histogram 이용하여 암반특성을 정량적 평가	

"끝"

2) 개선사항 : 암반분류 요소의 Histogram을 이용한 암반평가

3) 공법의 특징

- 암반분류요소별 Histogram을 작성 → 각요소별 대표치, 범위 추정
- 추정된 요소별 평점을 근거로 최종 암반평가
- 각 구간별 지반의 전체적인 기술가능
  (RQD, 불연속면 및 암석강도 등의 특성파악)

※ 뒤에 놓기 너무 복잡해 보여서 아래처럼 바꿨는데요. 어떻게 봤나요?

둘다 좋아 (시간문제임).

RQD 산정 오류 사례

2. 판정

Q값	1000	40	10	4	1	0.001
상태	Ⅰ		Ⅱ	Ⅲ	Ⅳ	Ⅴ
	아주양호	양호	보통	불량	아주불량

Ⅷ 8. RMR - Q system 관련식

$$RMR = 9 \ln Q + 44$$

Ⅸ RMR을 이용한 사면안정 해석방법

$$SMR = RMR + (F_1 \times F_2 \times F_3) + F_4$$

1. 경험적 방법 - $SMR = RMR + (f_1 \cdot f_2) + F_4$

2. 기하학적 방법 : 평사투영법

3. 한계평형법 : Bishop, Fellenius

4. 수치해석법 : FEM

Ⅹ. °호남선 114K 원속터널 암반분류 방법

1. 공사개요 : 호남선 114K 원속터널 공법: NATM L= 860m

2. 공사기간 : 2003. 2 ~ 2005. 12

3. 문제점 1) RQD값이 과소산정 (약 Q = 25 %)

4. 원인 : RQD값 계산시 관례책정 (Core 길이를 조사구간을 포함한 Boring 전체길이로 산정)

6. 대책 : 용시 재산정하여 관례변경후 좋

$$Q = 90 \%$$

끝 -

TSP 탐사 사례

Ⅸ. RMR을 이용한 사면해석 방법.

1. 경험식 $SMR = RMR + (f_1 + f_2 + f_3) + f_4$

2. 이론식   기본방정식 : 한계평형법

   한계평형법 : bishop, fellenius

   수치해석법 : FEM

Ⅹ. Q-system

1. 관계식.

$$ Q = \frac{RQD}{J_n} \times \frac{J_r}{J_a} \times \frac{J_w}{SRF} $$

2. 판정

1,000   40   10   4   1   0.01

상태   매우양호   양호   불량   불량   매우불량

ⅩⅠ. 현장 개선 사례.

1. 공사개요

   1) 공사명 : 경부 고속철도 노반 신설공사

   2) 공사기간 : '99.5 ~ '02.7

2. 현황 및 문제점

   1) 현황 : 개소구간은 4차로과 개나리굴

   2) 문제점 : 히말라는 NATM 굴착공법의 암반붕괴에 매우 취약

3. 대책 및 효과.

   1) 대책 : 지질조사와 및 터널개착 매우 심각 TSP 탐사실시

   2) 효과 : 막장전방 암반평가

   작업원 안전 확보.   끝.

RMR 재산정에 따른 예산절감 사례

VII. Q-system 분류법의 특징

1. Q 산정식과 분류인자 6 가지

$$Q = \frac{RQD}{Jn} \times \frac{Jr}{Ja} \times \frac{Jw}{SRF}$$

암반형성 · 절리의 · 암반의
Block크기 · 전단강 · 응력상태

① RQD : 암석의 RQD
② Jn : 절리군 관련계수
③ Jr : 절리면 거칠기 계수
④ Ja : 절리면 변질계수
⑤ Jw : 지하수 관련계수
⑥ SRF : 응력저감계수

IX. RMR 값과 Q 값의 상관관계

RMR=9ℓnQ+44

Very good
good
fair
poor
Very poor

X. 암반분류 적용성

구분	RQD	RMR	Q-system
활용성	RMR 분류	무지보시간결정	관성파속도 추정
	Q-system 분류	지보 pattern결정	암반변형계수추정
	지지력 추정	사면안정활용	터널지보지침 제공
		암반건전도추정	R/B길이 결정

XI. RMR 재산정으로 예산절감사례

1. 공사명 : 지하철 5-3 공구 (애오개 - 공덕구간)
2. 공사기간 : 1982 - 1986
3. 문제점 : 설계서 RMR5.2로 굴진장 1.8M 적용
4. 원인 : 조사서 부분조사로 일부구간 착오발생
5. 대책 : RMR 재산정(RMR:76)으로 굴진장 4.2M적용 (절감액 2억3천만)

끝

Q-system 산정 오류 사례

X. 암반 분류 특성에 따른 판정.

등급 ＼ 지반	I 암균열없음	II 약불연	III 약풍화	IV 붕괴	V 연약불량
RQD	100	90	75	50	25	0
RMR	100	80	60	40	20	0
Q-system	100	40	10	4	1	0
조사방법		절대평		불확정면 (반)		불가능

XI. 암반 분류의 한계성

1. 분류기준 부적정.
2. 분류기준 종업서 부족.
3. 조사자 한계성.
4. 분류 범위의 차이
4. 시험자료와 현장여건의 거리.

X. 암반사면 안정해석 (검토)

안정해석 ─┬─ 경험적: SMR = RMR + f₁ × f₂ × f₃ × f₄
           ├─ 기하학적: 평사 투영법
           └─ 한계평형법: 절편법. 유한해석: F.E.M.

```
XI. Q-system 산정오류에 따른 적용사례 ─

 1. 개요 ; 공사명 : 춘천 내평 고속도로 11공구, 공사기간 : 99.11 ~ 04. 12
           (공법 : 불량지반 (L=9m., b=9.5m.  Tow Arch Tunnel )

 2. 문제점 : 암반 상태의 비해  Q값  산정 미흡 ( Q=ft )

 3. 원인 : 터널굴착시 (NATM) 계획부 80m 지점 석회암층 존재 (Q=0.1) 예상

 4. 해결책 : 시공시 Tunnel 라반 경과대책 → micro pile (∅580m) 시공

 5. 교훈 ; 설계시 사전조사. 시공 관리 → Tunnel 안전성 확보.
```

암반분류를 활용한 보강 사례

VIII RMR을 이용한 사면안정 해석방법

경험적 방법 $SMR = RMR + (f_1 \cdot f_2 \cdot f_3) + f_4$

IX 암반분류 방법의 활용

   1. 사면안정 검토

   2. 암반 전단강도 추정

   3. 터널 지하공동 굴착시 지보 패턴 결정

X 암반분류방법의 문제점 및 대책

   1. 분류기준의 부적합과 통일성 부족 ― 분류법과 통일기준 확립

   2. 분류용어 혼용의 불합리성 ― 암반 개념의 용어정리

   3. 설계시 암반공학 개념의 부족 ― 사용시 탄력적 운용

   4. 시추결과와 현장 지질상태의 괴리 ― 계측 실시.

XI 암반분류에 의한 조사를 활용한 개선사례 (VE) good!

   1. 공사개요 : 서천-공주간 고속도로 4공구

         현수교 P6, A2구간 시추조사 검토

   2. 문제점 : RQD 분포시 시추시료 검토결과

         암질 단층파쇄대 존재확인.

   3. 공법 선정 : 중요 구조물 기초의 지지력 불안정

         → $\boxed{SINUS\ GROUTING}$ 공법 적용

            ├ 자동 Computer Grouting 기술

            ├ 주입량 주입 범위 자동 계측 ― Empasol

            └ 주입 자동 제어 기록 ― SINUS System.

E/A와 R/B 간섭 개선 사례

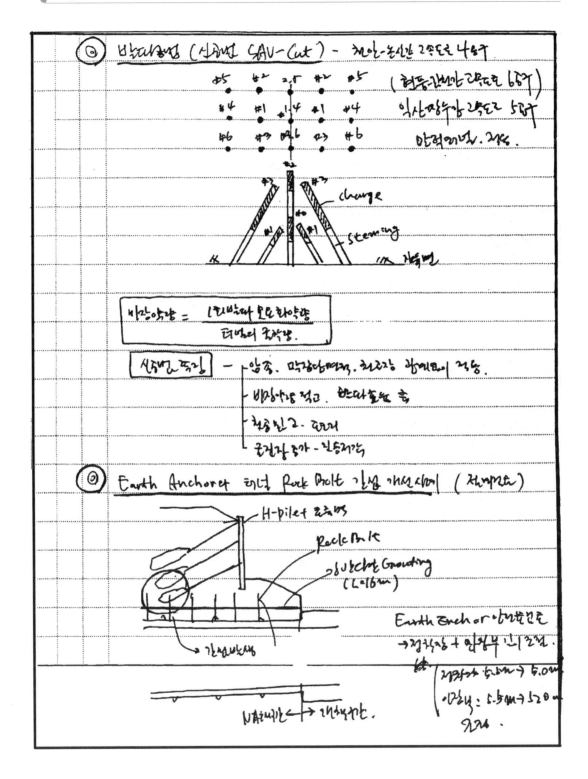

민원발생 방지를 위한 이분위 정밀진동 제어발파 사례

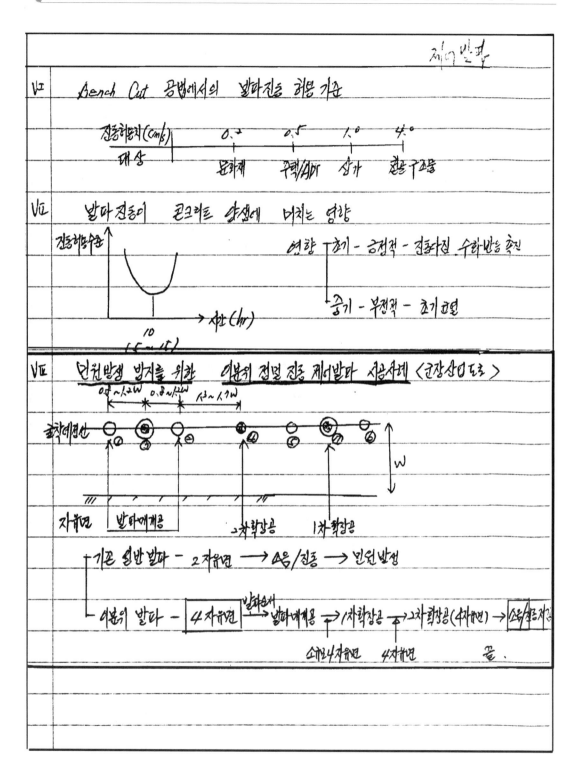

제어발파 진동관리 실패 사례

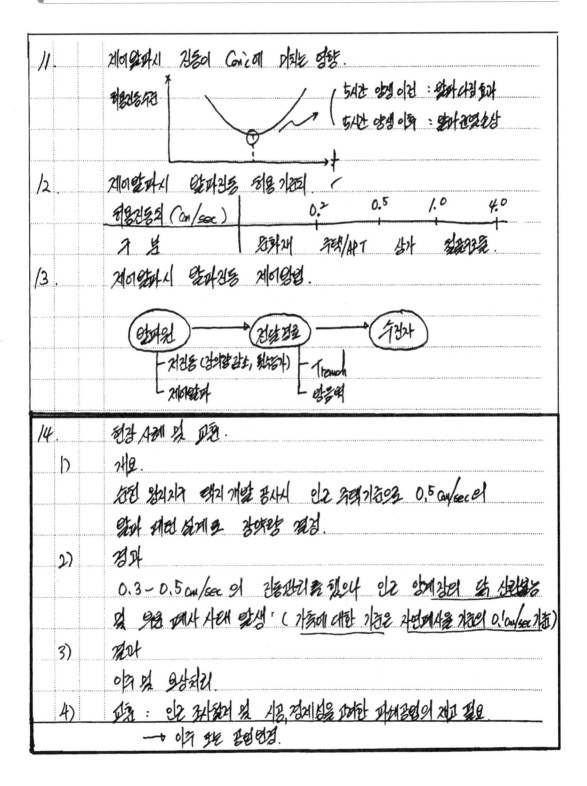

터널굴착 시 측벽부 하단 여굴부 골재 포설 설계 사례

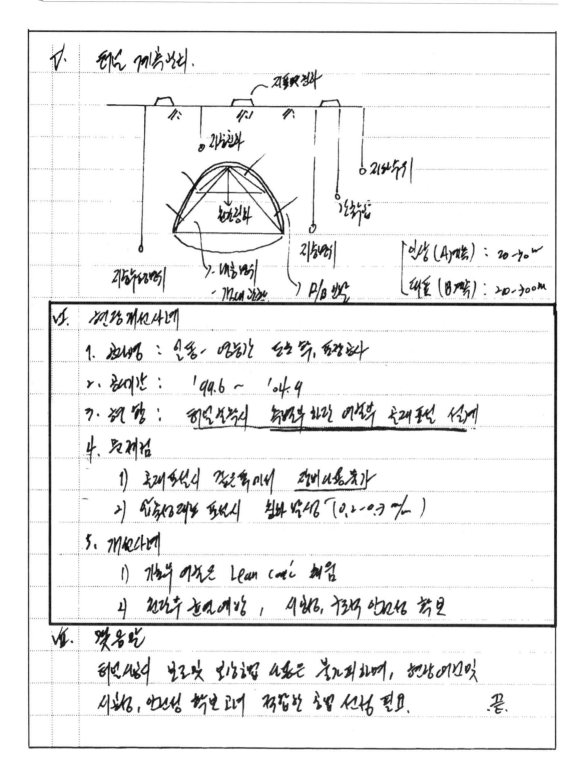

NATM 터널 계측 사례

문제 3> NATM 터널시공시 적용하는 Shotcrete 공법에
대하여 공류을 열거하고, 1발생하는 리바운드 (Rebound)
저감 대책에 대하여 기문하세요.

답>

I. 개요

1. NATM 터널 시공시 적용하는 shotcrete 공법에는
건식과 습식이 있으며,

2. 리바운드 저감 대책에는 적절한 slump 외-
적설히 숨결재 시공이 이뤄져야 하며,

3. 최근에 Steel Fiber의 혼합으로 Rebound량이
감산 되어 공비 절감 효과가 있는.

Ⅱ. NATM 터널 굴착시 안정성을 확인하는 계측 사례.
(분당그이곤 어째터널 2002~2009)

구분	계측 항목
일상계측 (A)	1. 대목변위, 외도침하 2. 천단침하C 3. R/B 인발 시험
정밀계측 (B)	1. 지중변위계 2. S/C 응력계 3. R/B 축력계
특별관리계측	진동연동 수위등

양요 벽 탄린동 → 시한발타.
연서 → 안정성 확인

터널 Lining Concrete 콜드조인트 발생 사례

1. 수평이음

4%	80%	95%
Laitance 미처리	1mm 절삭	1mm 절삭 + 시멘트 모르타르칠

1. 수직이음

60%	85%	95%
Laitance 미처리	1mm 절삭 + 시멘트 모르터르칠	1mm 절삭+시멘 모르터르칠+요

Ⅵ. 경험사례 (중앙고속도로 4차로 확장공사 현장)

 1. 근무기간 : 1996년 ~ 2000년 (당시 공사부장)

 2. 발생현황 : 터널라이닝 Cold Joint 발생

 3. 문제점 및 원인

  1) 현장 여건상 2개 시공사가 1개 B/P 사용

  2) 시공계획 수립 미흡 (라이닝 Con'c 타설용 별도 아지테이터 투입되어야함)

  3) 라이닝 Con'c 면 미관불량

 4. 대책 : 라이닝 Con'c 깨기 작업후 방수 sheet 전면보수

 5. 교훈 ; Con'c 운반, 배차계획, 타설계획 등의 사전준비 철저   "끝"

NATM 터널 무지보 시공 사례

2. 2차목적 : Feed Back 하여 P/B 化

3. 3차목적 : 대민홍보 및 법적 근거 마련

4. NATM 터널 계측

Ⅷ NATM 터널 무지보 시공사례   good

1. 공사명 : 경부고속철도   황간터널   L=9.7km

2. 도입배경 : 계약상의 목적, 암반강도 측정결과

3. 개선내용 : RMR 60 ~ 40

골진장 2m → 5m

S/C 10cm → 1cm

강사보 삭제

4. 효과 ! 사업비 절감 24억원

공기 단축 6개월

- 끝 -

막장면 붕괴 사례

막장면 붕괴. 보강

2. Fore Piling 공법

1) 특징 : 다단면 보조공법. 터널, 지럴보강

2) 분류 ┌ 주입식 - AGF, Trabi Tube
        └ 고압분사 - RJFP, MJS

3) 장점 : 보강단면이 크고 천단부 Rock-Bolt 시공시 유리.

4) 단점 : - 정밀 시공 요망 (시멘트 물통 배합비)
         - 공정추진시 양생기간 소유.

Ⅸ. 보조공법 설계 미반영으로 인한 터널 붕괴 시공사례.

1. 현장명 : 영동선 철도이설공사

2. 위치, 붕괴 형태 : 막장면 , 사다리꼴파괴.

3. 원인 : 지럴조사 불능. 보조공법 설계 미반영.

4. 보강방안 : 강관보강 + 상부 (경량 기포 콘크리트) + 측면 (cement Mik)

- 끝 -

NATM 터널 시공사례

Ⅴ. NATM 터널 계측시 유의사항 (방법, 기간)

　　1. 전연속체 → 소음, 진동에 의한 <u>Noise</u>

　　2. Data 도출 신뢰 (방법)

　　　　↳ trend 도출 진단

　　3. 계측의 여유도 확보

　　　　↳ 3D - Analysys 는 중간 결과 검증.

　　4. 계측된 계측의 측계기간 증부

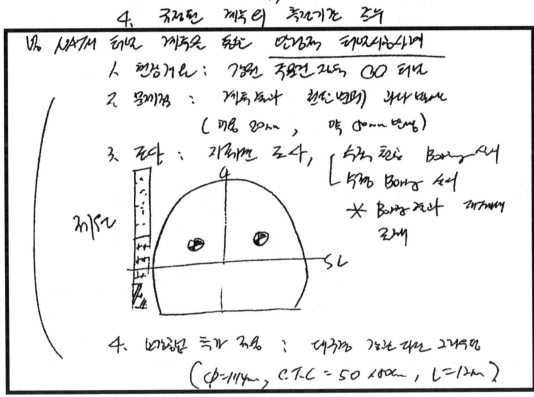

Ⅵ. NATM 터널 계측은 중요 <u>안정성 터널사항사려</u>

　　1. 현상거동 : 기존 주용건 지독 ○○ 터널

　　2. 문제점 : 계측점과 천단 (변위) 과다 발생

　　　　(과다 80㎜ , 막 00㎜ 변성)

　　3. 조사 : 지표면 조사 , ┌ 수직 천단 Boring 실시
　　　　　　　　　　　　　 └ 수평 Boring 실시

　　　　　　　* Boring 조사 대책매설
　　　　　　　　　조사

　　　　계측　　　　　　　　　　　SL

　　4. 변위부 추가 지보 : 대구경 강관 다단 그라우팅

　　　　(φ=114㎜, C.T.C = 50 ~ 100㎝ , L=12m)

Ⅶ [고향바닥] 열화 발생시 처리 대책 (궁부손상 (습측한, 에롤시

　　1. 보수 방법　　1) 표면처리　　개㎜ — LㅅC

　　　　　　　　　2) 주입공법　　　　　 저속경 LㅅC

　　　　　　　　　3) 충전

　　2. 보강공법　　1) Active - 탄소성유 FRP 성유 강탄

NATM 터널 쐐기파괴 사례

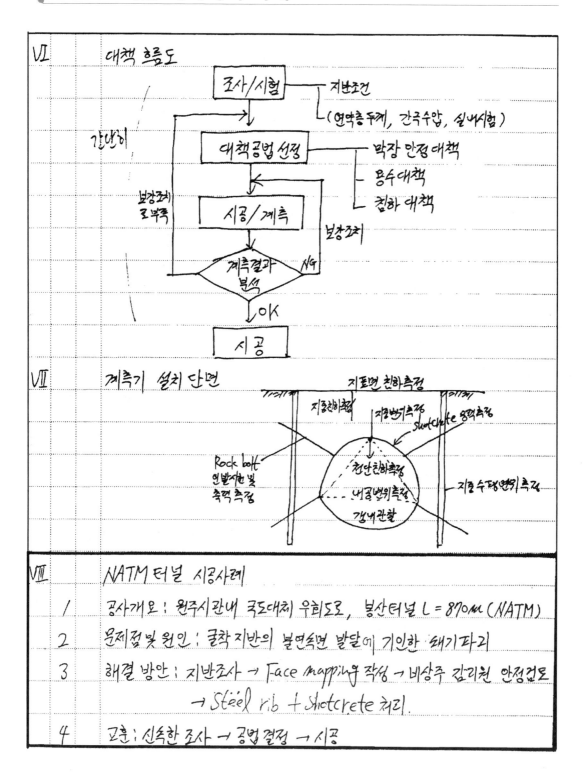

Ⅵ 대책 흐름도

조사/시험 ─ 지반조건
└ (연약층 두께, 간극수압, 실내시험)

대책공법 선정 ─ 막장 안정 대책
─ 용수대책
─ 침하 대책

시공/계측

계측결과 분석 → NG

OK

시 공

보강조치 로 부족

갱안이

보강조치

Ⅶ 계측기 설치 단면

지표면 침하측정
지중침하측정
지반변기측정
shotcrete 응력측정
Rock bolt 인발시험 및 축력 측정
천단 침하측정
내공변위측정
갱내관찰
지중 수평변위 측정

Ⅷ NATM 터널 시공사례

1 공사개요 : 원주시 관내 국도대체 우회도로, 봉산터널 L = 870m (NATM)

2 문제점 및 원인 : 굴착 지반의 불면속면 발달에 기인한 쐐기파괴

3 해결 방안 : 지반조사 → Face mapping 작성 → 비상주 감리원 안정검도 → Steel rib + shotcrete 처리.

4 교훈 : 신속한 조사 → 공법 결정 → 시공

NATM 터널 낙반 사고 사례

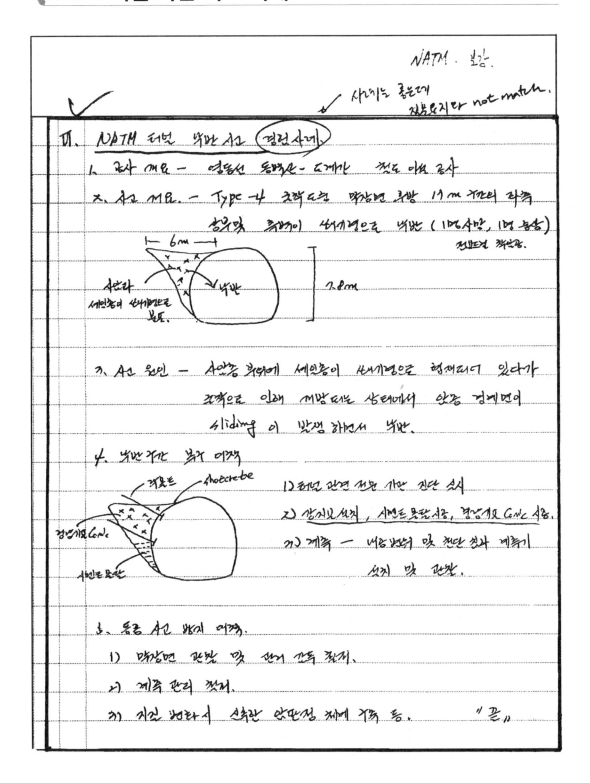

터널 시공 중 막장 붕락사고 복구 사례

XII. 약액주입공법의 주입 Mechanism

> 사질토 ― 약액 → 침투주입 → 공기물대체 → ϕ' 공가 ⊕ C증가 → 강도공가

> 점성토 ― 약액 → 할렬주입 → 물대체 ― C약간공가 → 강도약간공가.

XIII. 약액주입 공법의 요구조건 및 문제점

약액주입공법 ┬ 약액 요구조건 ┬ 강도증신.
│   │
│   ├ 고결시간 조절
│   │
│   └ 침투능력
│
└ 문제점 ┬ 내구수명이 짧은 ― 6개월 → 거로
          │
          ├ 공해유발 ― 수질, 토양오염
          │
          └ 개량효과 범위 불확실

XIV. 터널의 대단면 시공에 따른 최근 보고 및 보강공법

터널 대단면화
        ↓
전단면 발파 ━━━━→ Forepiling ┬ 주입식 ┬ AGF
                                   │   │
                                   │   └ Trabi Tube
                                   │
                                   └ 고압분사식 ┬ RJHP
                                                  │
                                                  └ HJS

XV. 터널 시공중 막장붕락사정으로 인한 붕락사고 복구사비

1. 공사명 : 강릉 ~ 동해간 국도 확포장 공사

2. 공사개요 : (1) 터널명 ― 강릉터널 (NATM)

    (2) 연장 ― 상행 1200m, 하행 1200m

    (3) 지보패턴 ― Type V

    (4) 굴착방법 ― 반단면 굴착

터널 붕락 보강 사례

Memo

NATM 보강.

3. 붕락 위치 및 규모
   1. 위치 : 상행선 터널 시점 41m 지점
   2. 규모 : 붕락규모 410m³ L=8M

4. 문제점 (원인)
   원인 ┬ 붕내지반 풍화암층 파쇄대 존재
        ├ 용수 - Crown 관측부 지속적 지하수 용출
        └ 사전 지질조사 미흡

5. 대책
   [막장] · 막장면 상부력 채움 → Shotcrete 타설
          → 리토 침하부분 되메우기 → 지질조사
          → 지반 Grouting → 천단부 암반보강 Grouting
          → 천단부 전방 5m Rock Bolt

   [계측] ┬ 지표면 침하계 - 5m 간격 10개 설치
          └ 내공변위 · 천단변위 수렴후 굴착

6. 현장 기술자로서의 교훈
   터널시공시 암질 및 지하수의 수시 변경으로 인한 피해를 예방하기
   위하여 막장관찰 , 계측관리 등을 지속적으로 실시하고 2차 변위가
   발생하지 않도록 암석상태를 고려하여 라막강 및 천공장 조정.
   Forepoling 및 강지보재를 설치 한다.   끝

TBM 보조공 사례

Ⅳ 용수가 많고 지반이 불량한 터널 시공사례.   good !

TBM 보조공

1. 현장명 : Indonesia Renum Hydropower Project.

2. 터널 연장 : NATM 16.4km. TBM 14 km.

3. 터널 내경 : NATM : 마제형 2.8m   TBM : 3.2m

4. 지반 조건 : Shard Weathered Rock.

5. 사용된 지보재의 종류.

ⅰ) Shotcrete (건식)

ⅱ) Wire Mesh

ⅲ) Rock Bolt (Dywidag Bolt)

ⅳ) 강지보 (H-Beam Steel Rib)

< 단면도 >

6. 문제점.

ⅰ) 지하수위 하층의 풍화암대의 호박돌터널

ⅱ) 터널 내벽에 암반용수 분출 다수.

ⅲ) 터널 조건이 상향, 하향의 변형발생 초래,으로 갱내 배수곤란

ⅳ) Slaking 으로 인한 낙반 발생.

ⅴ) 연약지반 (Silt Seam, Clay Seam)으로 인한
   TBM 추진중지.

7. 대책.

ⅰ) 상향식 추진구간의 자연배수 , 또한 하향식 배수는 유도배수 처리.

ⅱ) 암반수 분출구간에 Weep Hole 설치 → 유도배수

ⅲ) 건식 숏크리트 채택으로, 용수가 배치는 지반의 보강 (낙반방지)

ⅳ) 연약 지반 처리 (약강내, 산부지반)

Shield 공법 Tail Void 발생 사례

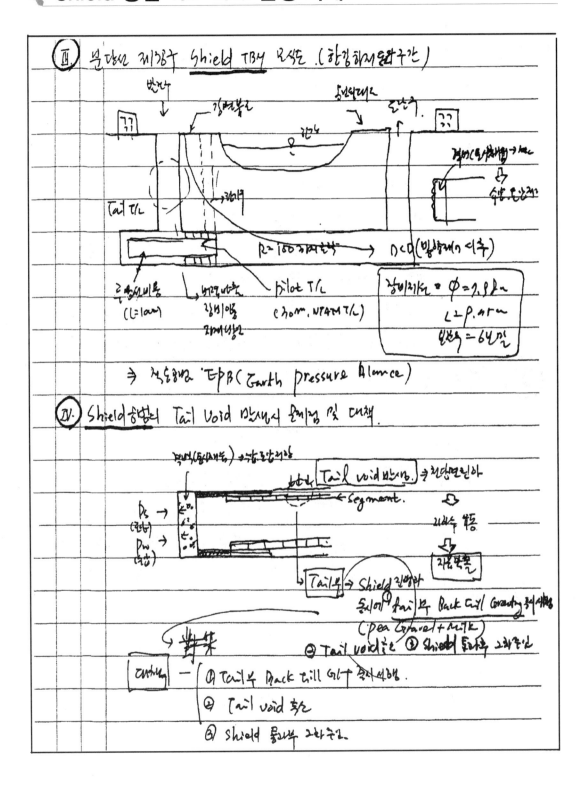

이수가압식 Shield TBM 시공 사례

문제1> TBM(Tunnel boring Machine) 공법의 종류 및 특징에 대하여 기술하시오.

답>

I. 개요

   1. TBM의 공법에는 Hard Rock TBM과 Shield TBM 공법이 있으며,

   2. Hard Rock TBM은 연암 이상의 암질에 적용하여 시공성이 우수하며,

   3. Shield TBM의 특징은 연약 토질에 적용하는 공법으로서 이수가압식과 EPB 공법이 있음.

II) 어울대하천 9-909 이수가압식 Shield TBM 시공사례

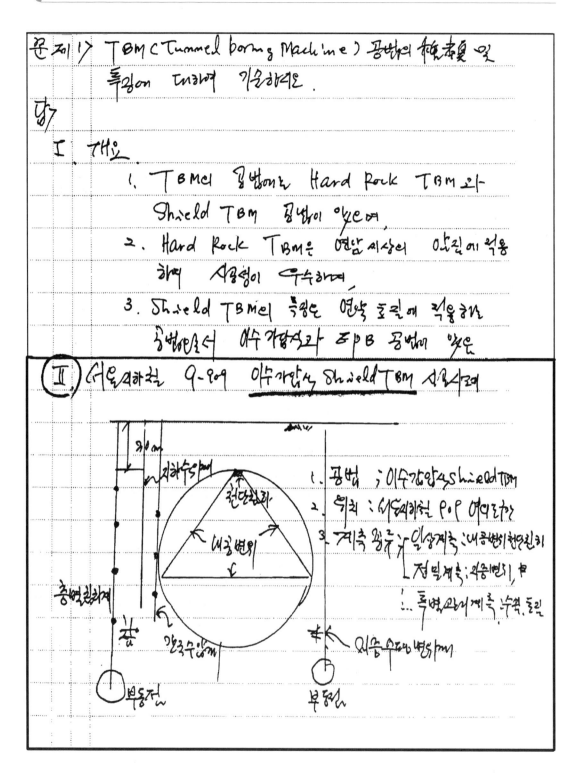

   1. 공법 : 이수가압식 Shield TBM

   2. 위치 : 어울대하천 P·P 연약구간

   3. 계측 종류 : 일상계측 : 내공변위, 천단침하

          정밀계측 : 지중변위, 夰

          특별관리계측 : 수직, 토압

계곡부 터널 시공시 보조공법 사례

Ⅶ. 가도지반 침하대책을 위한 보강공법 특성

목적	공법	공법 특성
변위 억제	Invert 타설	인버트 거더링 변위 + 침하 방지
	차단벽	기초강도 변위 감소
	가반 Grout벽	토사력 보강 + 차수

Ⅷ. 왕추가 많고 지반이 불량한 터널시공시 보조공법에 대한 시공관리

1. A계측 (일상계측) 자료침하 내공변위 천단침하
2. B계측 (대표계측) 지중침하 지중 수평변위 shot crete 응력

Ⅸ. 계곡부 싸리 터널 시공시 보조공법 적용사례

1. 공사개요 : 강릉 ~ 속초 간 공사 (1998 ~ 2001)
   산악지역 화산가능 지반 관심. 막장지역 터널
   지질 NATM 터널 700m

2. 안정성 : 계곡부 수리에 따른 용수 많음
   상부천단부: 풍화암, 가시지반 : 각력암

3. 보강공법 시공 내용
   막장 보강공법 강관대구경 Grouting
   fore poling
   가도지반 Invert 타설, 우회수로

🔸 보조공법(RPUM 공법) 사례

외공 침하 측정.   2l층 침하 측정.

천단 침하 측정.   Shotcrete 응력측정

내공 변위 측정   갱내관찰조사.   2l층면 측정   R/B 축력측정.

〈A계측, 일상계측〉   〈B계측, 정밀계측〉

Ⅷ	최근 주로 사용하는 보조공법. ✓ good.

1. RPUM 공법 (Reinforce Protective Umbrella Method)

1) 개요 : 튜브 (강관 or FRP)를 이용하여 외면으로 우산형태로 보강.

     강호하여 탄사, 풍화암. 파쇄대, 갱구부 일 터파기 약한

     구간에서 터널안정 및 외표면 침하 억제를 위한 보조공법.

2) 시공순서 : 천공 및 강관삽입   37×0.5 = 18.5 (갱구부 보강구간)

  → 천공 Hole 입구 열피   ST'L pipe φ114

  → Packer 삽입   T=0.6mm CTC 0.5m

  → Grouting 주입   120°

3) 적용 터널 : 갱구부   14.3 m

4) 장점 : - 갱구부 사면훼손 최소화 〈성능-광단면 도로건설공사+단면크〉

     - 천공과 동시에 강관삽입 → 공기 발파 최소화.

5) 단점 : 공사비 과다.

6) 분류 ┌ 토재비 튜브 공법 - Beam Arch 형성

     ├ 토재비 제트 공법 - 굴착면 주위에 Arch cell 형태의 보강

     ├ 강관 다단 그라우팅 - Beam Arch 형성

     └ FRP 보강 그라우팅 공법 - 고강도 FRP관 사용

터널 라이닝 콘크리트 천단부 온도균열 제어 사례

온도균열 제어대책은
- 시공전
  중
  후
or (신축적 대책 / 저축적 대책) 중 어떤것이
차별화될 당안이겠으

↑
이것.

2. 타설시 대책 (pre-cooling)

구분	대상	얼음	냉각수	냉풍	액화질소
타설전 (냉각)	골재 2℃		O	O	O
	물 4℃	O	O		O
	시멘트 8℃			O	O

3. 타설후 대책 (양생)

- 습윤양생 ─ 온량상, 봉합양생
- 온도양생 ─ 온도상승, 온도냉각
- 유해한 환경으로 부터 보호

VII 터널 라이닝 콘크리트 천단부 온도균열 제어 사례 ← good

1. 공사개요 : 총연 내부 가속도로 14공구 낙동 터널 Lining Conc 타설.

2. 내용 : 설계 Lining 두께 30cm → 여굴연장 50~80cm ─
Conc 타설후 수화열에 의한 천단부 종방향균열 발생.

3. 제어대책.

① 타설전 - AE 감수제를 이용한 변위의 매입 설계 실시

② 타설중 - PFRC를 천단부 Conc 타설시 혼입.

③ 타설후 - 고압살수로 살수 ⇒ 수화열 저감

양생 기간 시방규정 5 MPa

이상 강화한 7 MPa

④ 거푸집탈형

4. 제어결과 : 전체 사공구간
(75m) 중 25m 균열발생 ← 95% 이상제어.

shotcrete 타설면

여굴부 20cm 50cm Conc 채움

설계두께 30cm

터널 내 용수발생시 시공 사례

1) LW 공법 : ⓐ 주로 차수목적으로 성용, 사질토에 효과적.
ⓑ 시공순서 : 지반천공 → LW 주입

2) 우레탄보강 : ① 차수와 보강효과. 우레탄은 팽창성으로 강압모는 용수지반에 적함.
ⓑ 시공순서 : 팽창천공 (M강역 천공) → 우레탄 주입

Ⅶ. 최신 터널 보조공법.

∘ Fore Piling ┌ 주입식 → AGF .
(주로 대단면에 사용) └ 고압분사식 → RJFP, MJS

Ⅷ. 터널내 용수발생시 시공사례 ~ good!

□. 용수구간내 Rock Bolt 인발내력 부족 (천안,논산 차령터널 NATM L=2.4km)

1. 문제점 : 용수구간내 Rock Bolt 인발시험 부합격 다수발생

구분	시항수량	시험횟수	부합격 횟수	용수구간 상태
용수구간	540EA	10회	4회	Type IV~V의 풍화암지대로 물이 굴착면 타고 흐르는 상태

∘ 소요인발내력 : 14 Ton 이상   ∘ 시험인발내력 : 8~13 Ton

2. 처리방안

1) 대안선정내용 : 케미칼수지 + 일반레진 (활성용 + 선단용 + 충전용 2EA)

2) 케미칼수지특성 ① 수중에서도 화학적 반응이 강하여.
ⓑ 단수관내 높은 인발강도 확보
ⓒ 연약모래인 인발 강화 역할.

3) NATM - Resin과 Chemical 수지 성분은 서로 혼합하여도 화학반응이
없고 각각 자체적 반응 → 혼합 사용돼도 문제시 발하지 않는다.

끝.

터널 환기 방법 변경 사례

반횡류식 - 송기식, 배기식, T/L 내 각도 반틀의 환기

횡류식 - 송기배기 복합 사용

　　　　송기·배기 양방향에 따른 반틀의 설치

Ⅷ 3세대 도로터널 환기시설 설계기준 개선점

1. 교통특성, 위험도, 경제반도 등이 비려

2. 기배 2% 미만 /이상 차이에 환기량 2배 차이

3. PIARC 기준과의 정통성 차이점 보료

4. 기기효율 및 신뢰성 확만제차 미비

5. 저속시 환기량 산정시 배연 영향

6. 대형차 혼입률 신뢰성

Ⅸ T/L 환기 방법 변경 사례 (국영 T/L)

1. 개요 : 2000년 국영T/L

2. 문제점 : T/L 가느리 수정개방 T/L복 환기 반시에 따른
　　　　 낮은 오염 반시 예상으로 인한 반인 반명

3. 대책 : 집진시설 설치

4. 효과 : 국내 환경 / 면인 고려 설계 반명

산악터널 갱구부 위치 선정 사례

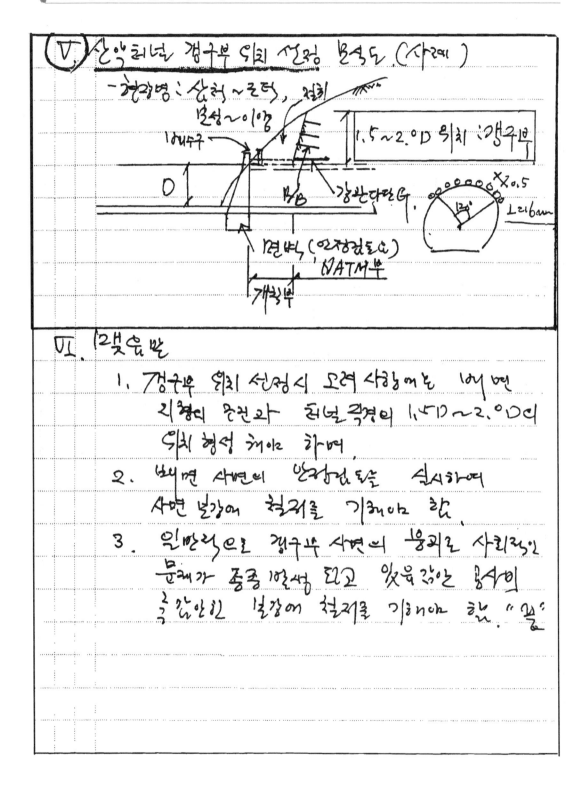

터널 갱구부 Sliding 발생 사례

Ⅷ 자연사면의 붕괴 형태

　[Land Sliding (전단응력증가) : 강우시 → 소규모 → 순간적 발생 (우리나라)
　[Land Creep (전단강도 감소) : 강우시 → 대규모 → 일정시간 경과 후

Ⅸ 자연사면 검토 방법

　1. 경험적인 방법 : $SMR = RMR + (f_1 \times f_2 \times f_3) + f_y$

　2. 기하학적 방법 : 평사 투영법

　3. 한계 평형법 : 절편법

　4. 수치 해석법 : FEM. FDM. DEM. DDM

Ⅹ 사면안정의 정보화 시공 개념에 의한 계측관리

계측목적

1차 : 시공전 → 시공중 → 시공후
　　(자료조사)　(안전(hak))　(유지관리)

2차 : Feed Back 하여 차후 설계 반영

설계 3차 : 대민 홍보 : 법적 근거 마련

ⅩⅠ 경험사례

경험사례
두가지증
어느쪽으로
학까요
둏다

경험사례

1. 공사명 : 중앙 고속도로 4차 확장 공사 현장

2. 근무기간 : 1996년 ∼ 2000년 (단지 직책 공사부장)

3. 발생현황 : 터널 갱구부 전면부 Sliding 발생

4. 원인 및 문제 점

　1) 실시 설계시 지반 및 확인보링조사 를 거쳐 연암으로 판정하며
　　 사면구배 결정 후 시공 힜으나 시공중 Sliding 발생

　2) 지반조사시 암반의 절리특성. 풍화대로지 첫부. 지하수용출 등등
　　 고려 하지 않음

2차선 쌍굴 터널 시공 사례

[예14] 산간지역의 연장 2.0km의 2차선 쌍굴터널은 다음과 같다.
착가, 동착, 공정, 안전기 관한 총단방 내용을 기술하시오.

1.답) 그 머리말

    1. 2차선 쌍한지역 상계획의 흐름

      (1) 사업구상 (2) 기본계획 (3) 상세계획 (4) 관리계획

    2. 착가관리

      (1) TPMS 전상화기법도입 (2) GVMS에 의한관리

    3. 공정관리

      (1) Critical path에의한 관리 (2) MCX기법도입

    4. 품질관리

      $QM = QP + QA + QZ$ 에의한 통합품질관리 시시

    5. 안전관리 = 기술적측면. 관리적측면. 시공측면 단리시시

Ⅱ- 산간지역 2차선 쌍굴터널의 개요도. (옥대요소시 옥면 옥명이는 도로터널공사)

1:1.65   1:1.5

1:0.5   1:1.5

P/B
CTC=1600m/m
L=40m.
GD 40.

3D

Shoofcrfe
(t=16cm)

13.5m   13.5m

강방라인 22t5강
L=150m
CTC=0.8m
관입각 심명 15°

안정도 = $\frac{\phi V_0 + \xi - \xi_1}{Sh}$

암반변형율식

취·배수로 터널 시공 사례

Ⅵ. 터널 시공시 주의사항 (동절기시, 하절기시)

　　1. 동절기시 : 1) 지반 동결에 따른 TSP 탐사 e판 주의.

　　　　　　　　 2) 동결 융해에 따른 안전관리철

　　　　　　　　 3) 추락, 붕괴 사고에 대한 사전대비 철저.

　　2. 하절기시 : 1) 우기 및 태풍에 대한 사전대비 철저

　　　　　　　　 2) 우수 유량에 따른 사면붕괴에 대한 방도 필요.

Ⅶ. 남제주화력 #3,4 취·배수로 터널 시공사례

　　1. 공사개요 : 취수로 410m, 배수로 395m, 세미쉴드공법

　　　　　　　　 ∅2.4m, 비배수형 터널

　　2. 문제점 : 터널구간의 절리를 따라 Grouting 시행으로

　　　　　　　　해상오염 발생 ⇒ 전복양식장 반원 (손해액 약 2.5억원)

　　3. 대책 : 제주대 해양과 환경연구소 피해조사 용역 시행

　　　　　　　　용역 결과에 따라 2.64억원 지급 ('07.9)

　　4. 교훈 : 1)환경영향평가, 시공전 주변조사 철저 시행

　　　　　　　　2) 반원 발생시 능동적체라 지역 주민 반발 완화 2억 손비대응.

Ⅷ. 터널 시공기술 향상을 위한 제언

　　1. 법적·제도적 : 1) 지하수압 결정방법 기준 개발.

　　　　　　　　　　 2) 현실 조건에 맞는 설계기준 연구

　　2. 기술적 : 1) 비배수형 터널의 방수막 시공기술 향상.

　　　　　　　　2) 약한 지반조건을 고려한 배수터널의 배수계획 필요.

　　　　　　　　　　　　　　　　　　　　　　　　　　　 "끝"

터널 방재훈련 실시사례

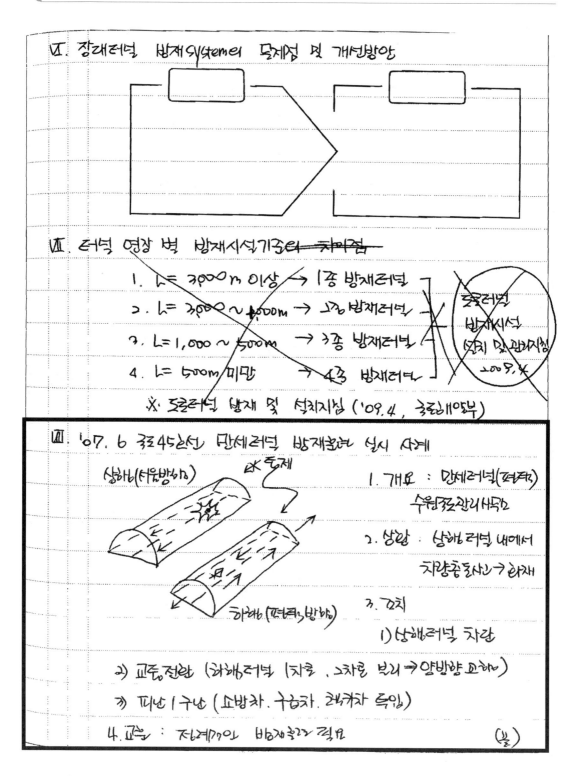

Ⅵ. 장대터널 방재 System의 문제점 및 개선방안

Ⅶ. 터널 연장 별 방재시설기준의 ~~차이점~~

   1. L = 3,000m 이상 → 1종 방재터널

   2. L = 3,000 ~ 1,000m → 2종 방재터널

   3. L = 1,000 ~ 500m → 3종 방재터널

   4. L = 500m 미만 → 4종 방재터널

   ※ 도로터널 방재 및 설치지침 ('09. 4, 국토해양부)

Ⅷ. '07. 6 국도45호선 만세터널 방재훈련 실시 사례

   1. 개요 : 만세터널 (터널)

      수원국도관리사무소

   2. 상황 : 상행터널 내에서

      차량충돌사고 → 화재

   3. 조치

     1) 상행터널 차단

   2) 교통전환 (하행터널 1차로, 2차로 분리 → 양방향교행)

   3) 피난구난 (소방차, 구급차, 렉카차 투입)

   4. 교훈 : 전계기관 방재훈련 필요

                        (끝)

Part 2

Professional Engineer Civil Engineering Execution

소양댐(ECRD) : H123m, L=530m

현장 여건변화에 의한 가물막이 규모 변경 사례

VIII Consolidation Grouting과 Curtain Grouting의 비교.

구분	Consolidation G.	Curtain. G.
목적	내하력 능력 (안정)	수밀성 증진 (차수)
위치	기초 전면	Dam 축방향 상류측
배치	5~10m	H/3 + C (8~25m)
주입압	1st stage : 3~6㎏/㎠ 2 " : 6~12 "	각 stage 별 : 5 기압 ㎏/㎠

IX Dam의 기초처리시 주의사항

1. 주입을 연속 적으로 실시

2. 주입압력 주입방법은 Lugeon test로 결정

3. Lugeon 값이 2↑ 이상일 경우 암반 상태 확인

X 설계·시공시 현장 여건 변화에 의한 가물막이 규모 변경 사례.

1. 공사명 : 말레이시아 Bakum dam.

2. 설계시 적용 유출 계수 : 0.3 (산림 지역)

3. 시공시 " : 0.8 (습경사의 산림 및 경사시)

4. 원인 : 현지 원주민의 벌목후 경작지로 이용

5. 대책 : 가배수로 규모 변경. 끝. (1차 검토측 사설 목으로 최종 작성한 것인데 어떤가요?) 좋습니다.

가체절공 시공 사례

Ⅳ 부항다목적댐의 가체절 형식의 R.식도 (상류측)

Geomembrane
Geotextile
미관측 면Conc (t=300mm)
→ 중장비 도로사용
공식오층
자동요비
Rock fill Zone
fill Conc (t=300mm)
리사
식생층
Geomembrane (고밀성)
φ600mm steel pile
날유수층 (리사 + Bentonite 8%)
이상레이더 날드

Ⅴ 가체절 형식의 특징 (부항다목적댐 위주)

1. 원리 - 전체절 방식

2. 구성요소 - 자동요비 + φ600mm steel pile + 차상차폐재 거동

3. 시면 - 바닥 기초처리 → 불충수처리층 (Bentonite)

   → 자동요비 + φ600mm pile 선취 → 성토 → 미관Conc

4. 관접 - 재료의 입수 원활 (시공비 경제성)

   광접 - 차상 차폐재 + 라이닝.

5. 주홍성 - 진입도로, 우회도로 → 기준도 반영, 환경친화 설계

Lugeon test에 의한 Curtain Grouting 보강사례

문제 3) Lugeon ~~Test~~

Sol)

I. Lugeon Test의 정의

특정한 암구간에서 투수성을 고려하여 최소 압력을 구하기 위한 시험으로 2 Lu 이상은 신뢰성이 ~~없음~~

II. Lugeon 값 산정 방법 및 Curtain Grouting 보강사례

$$Lu = \frac{10 \, Q}{P \, \ell}$$

상류

※ 측정치 3수위이 댐건설시

$$Lu = 17 \times 10^5 \, cm/sec$$

→ Grouting 방 ($\phi 50mm$, $L = 13m$) → 공사비 0 억 발생

IV. Lugeon 값의 활용성

　1. 기반 Grouting의 검사 → 효과 확인

　2. Grouting 과정의 양변경

IV. Lugeon 값의 신뢰성

　1. 2 이상은 신뢰성 저하

　2. 지하수의 변화

　3. 대표성 부족

V. Lugeon 값의 한계성

　　　　　　┌ 기후변화
한계성 →├ 경년변화
　　　　　　└ 감소변화

Curtain Grout 적용 사례

2. 축방향 전단거동 : Conc plate 기초 슬래브에 설치

3. Dowelling

  1) 기초 앵커부 conc 타설

  2) 전단 저항력증대, 응력분포 개선

4. PS강 : 변형성능 확보

Ⅷ. 현장 적용 사례 ~ grout ! [Curtain Grout]

1. 개요 : Curtain식 상향 cement milk 주입

2. 공사명 : 산청 양수발전 축조공사

3. 공사기간 : '94.8 ~ '00.10

4. 원인

  1) 댐 기초부 Lugeon test 확인 적용

  2) 차수 주입압력으로 주입

5. 문제점 : 연직방향으로 누수, 하반오염

6. 대책 : Curtain 처리 및 주입압 조정으로 재 시행

7. 교훈 : 기초 지반 시험과 품질관리 실시 (Lugeon Test)

Ⅸ. 맺음말 오 → 똑 의견

   현장에서 시험 및 기초처리 방법은 dam 시공, 경제성

   안전성에 중요한 경우 사항임.

   따라서 연구 과제, 지침, 품질관리, 경제성, 안전성 등 고려

   하여 선정.   끝.

물넘이(Spillway) 균열 사례

Ⅶ' 수화열 해석시 program
  1. MIDAS
  2. DIANA
  3. ADINA
  4. ABAQUS 등.

Ⅷ 온도응력에 의한 균열발생 방지를 위한 시공대책.
  1. Cooling Method
    [pre cooling] : 혼합전 : 재료냉각 (산수, 골재태양열차단)
                  혼합중 : Con'c 냉각 (얼음, 액화질소)
                  타설전 : Con'c 냉각.
    [post cooling] ─ [pipe cooling] : 수치모형 실험으로 결정.
                                    pipe : 직경, 길이, 폭, cool 기간 등결정.

  2. Block 분할시공   온도(℃)   (타설높이와 온도와의 관계)
  3. W/C 적게   60°
  4. 단위 시멘트량 적게.   40°   1 Lift 높이 2.0ᵐ
  5. 1 Lift 타설 높이 낮게   20°   "   : 1.5m
  6. 저열시멘트(중용열시멘트, 고로시멘트) 사용.   1 Lift 높이 1.0m
                                              재령.

  수화열   조강 시멘트 $CaO + H_2O \rightarrow Ca(OH)_2 + 125 cal/g$
  (Cal/g)   보통   " $Q_t = Q_{\infty}(1-e^{-rt})$ 온도상승 발열량
               중용열 "
               고로시멘트
                재령.   (사용시멘트와 수화열의 관계)

┌──┐
│ Ⅸ 문경 경천댐 [물넘이(Spill way)] 시공사례.   │
│ 여수로. 1. 공사명 : 경천댐 설치공사   2. 공종 : 물넘이 (평균 B : 5.5ᵐ) │
│ 3. 공사기간 : 1986. 10 ~ 1993. 12   4. 문제점 : 물넘이 양생중 균열발생. │
│ 5. 원인 : 단면이 5.5ᵐ로 평균온도 55°c로 상승 → 온도균열발생. │
│ 6. 대책 : pipe cooling Method 적용 │
│   (φ관 ᵐᵐ : PVC pipe, 간격 1.5ᵐ, 통수량 15ℓ/min) │
│ 7. pipe cooling 종료후 Grouting으로 완전차단   끝 │
└──┘

CFRD 법면 다짐 개선 사례

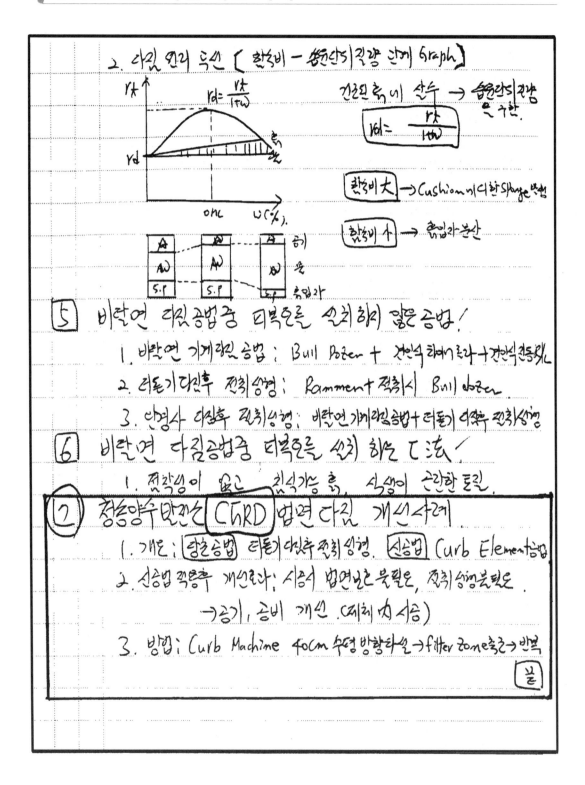

CFRD 시공 사례

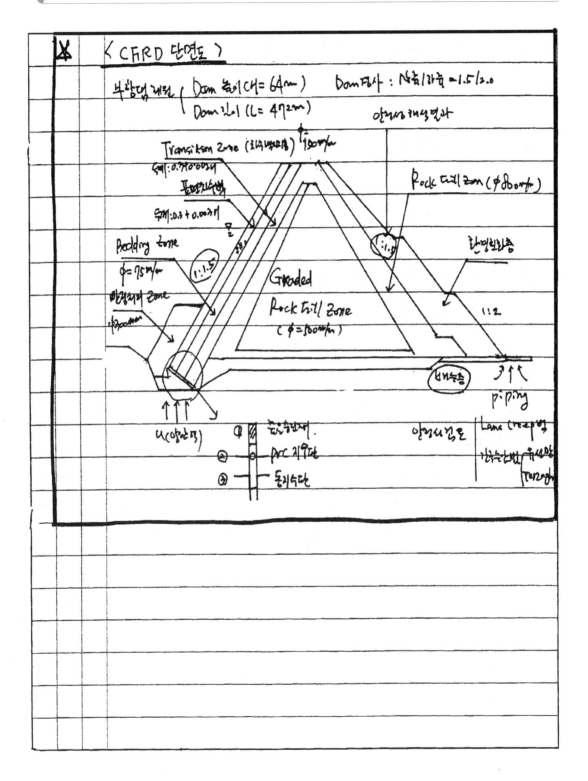

Curb Element 공법 도입 사례

Ⅷ. 기술개발 향상의 단계별 유의사항 ← 시간여유가 내등 향상있소 계획

    1. 시공전

    2. 시공중

    3. 시공후

Ⅸ. 홍동양수발전소 Curb Element 도입 도입 사례

    1. 도입배경 1) 멕시코 어번 박닷리 계획 (1992년)

       2) fill Dam 시면 번 공어. 돈인 거하.

       3) 신공법 도입 면토.

    2. Curb Element 도입

    CHRD   Curb Element   0.4m

    시공기간 못 디 되소

    2.4공의 배드로 가변제어드러기

    * 그내형에 디한 다층가 C연깨복

    1. C층 → 다층, 파복법

    안안보건 ← 도동 투입

    3. 도입후 효과.

       1) 시면번 무드 없는.

       2) 공기 단축.

       3) Shotcrete 에디한 탄결연 버등 화소라.

www.seoulpe.com

21세기 토목시공기술사

Part 2

Professional Engineer Civil Engineering Execution

탐진강 : 전라남도 준용하천, L=50.5km

다짐불량에 따른 제방누수 사례

5. 배수우물(집수정)설치

6. 제방다짐철거

   → 습윤측 함수비로 다짐

7. Blanket 설치

Ⅷ piping 현상 판정기준

1. 유선요소법에 의한 판정

2. 한계유속에 의한 " (Justin 방법)

3. Creep 비에 의한 "

Ⅸ 경험사례 및 맺음말

1. 경험사례

1) 공사명 : 문산천 하천 개수공사

2) 공종 : 제방횡단 배수문(box 2.5×2.5×2련).

3) 공사기간 : 1996. 11 ~ 1997. 12.

4) 문제점 : 구조물 접합다짐불량 및 지수벽 미설치로 누수발생

5) 원인 : 접합부의 접착불량, 재료불량.

6) 대책 : 지수벽설계변경 및
          성토재료 선정 (·CL, SC).

2. 맺음말

1) 제방누수방지는 재료선정후 습윤측 다짐으로하고

2) 구조물 접합부누수 방지를 위하여
   필히 지수벽을 실시해야하며

3) 재료선정이 중요하다

끝.

제방 Piping 현상 발생 사례

시공사례
1) 홍안이

1. 상사명 : 문산배수 관조장 설치공사.
2. 발주처 : 파주시청
3. 공사기간 : 1996. 12 ~ 1997. 12.
4. 문제점 : 기계실 러파기서 토츄벽에 누수 및 Heaving 발생.
5. 요 인 : 없지만벽으로 설계되어 설계대로 시공
6. 대 책 : sheet pile로 설계변경 차수성으로 시공
7. 손실액 : 공기 3 개월지면 및 없지안벽을 sheet pile로 변경
　　　　　　재 설치 차으로 손실액 1억2천만원 발생
8. 향후개선 방향 : 설계 검토시 지현을 감안하여 재조사록 요구.

2) 제방 누수

1. 송사명 : 파주 마창저수지 누수보강공사.
2. 발주처 : 파주농지 개량조합
3. 공사기간 : 1996. 9. 1 ~ 1996. 12. 31.
4. 문제점 : 누수량 증가로 piping 현상발생 (산문 대석특길 : 불피득문역)
5. 요 인 : 집중호우시 급격한 수위상승으로 취약부통찬 누수경로확대
6. 누수경로조사 : 염분주입 및 색소주입으로 누수경로 조사, 물리탐사 - 전기적저항
7. 대 책 : 누수경로 확인으로 Cement 현탁액 Grouting 실시　　　?
8. 누수경로 착오사례 → 색소몇 염분주입으로 찾아냄

제방 붕괴 사례

VII 하천 제방의 붕괴 형태및 설계 programe.

VIII 제방 붕괴 사례.
1. 현장명 : 경기도 곡릉천 제방 복구 공사.
2. 원인 : 여름철 집중호우 인한. 누수 상승으로 piping 현상 발생하여 누수
3. 문제점 : 누수로 인한 제방 파괴 및 인근 지역 수해 발생
4. 대책 : 파괴 단면 응급조치 및 제방 단면 확대
   비탈면 피복 방능 및 차수벽 설치.
   제방에 바로 설치.
5. 향후과제 : 설계 홍수위를 초과하는 우발성 집중호우시. 제방 파괴를 당하기 위한. 설계방안 마련.

IX. 또한 하천 제방 파괴를 방지하고 친수 공간으로 이동하기 위한.
   Super 제방의 확대 ┌ 제내측 기울기 → 1:4
                   └ 제방폭 : 높이 → 30:1   "끝"

제방붕괴 방지 시공개선 사례

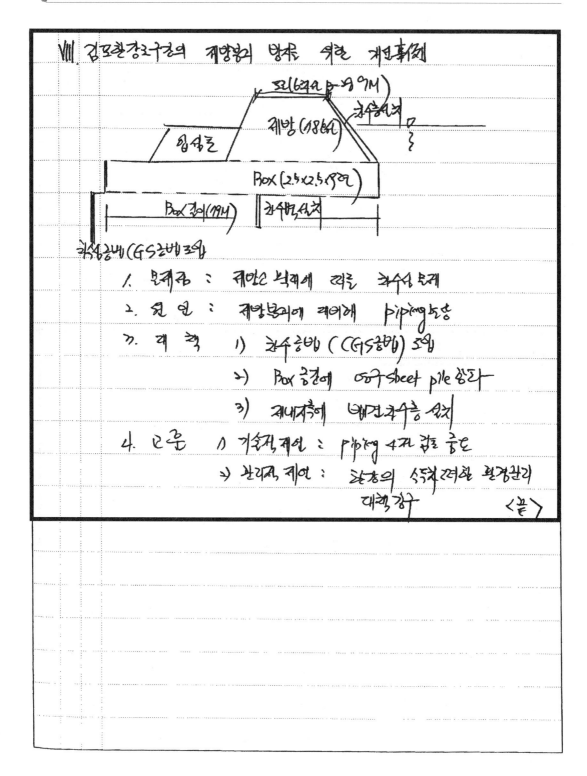

VIII 강도환경구간의 제방붕괴 방지 위한 개선事例

모(6가 p-8.9M)

제방 (18M)

최수위

임시로

Box (2.5×2.5 8연)

Box 3연(19M)   차수벽 설치

최수공법(GS공법 3연)

1. 문제점 : 최안2 박락에 의한 최수의 문제

2. 원 인 : 제방붕괴에 의해 piping 도상

3. 대 책   1) 최수공법 (CGS공법) 5연

　　　　　2) Box 경계에 e9위 sheet pile 설치

　　　　　3) 제내지측에 배견최수층 설치

4. 교훈   1) 기술적 제언 : piping 4개 검토 중요

　　　　　2) 관리적 제언 : 현장의 성적려화 환경관리
　　　　　　　　　　　　　　　대책 강구   〈끝〉

제방누수 시 보강 사례

Ⅴ. 하천제방 붕괴 방지 대책   → 기초자료 검토!

1. 차수벽 (sheet pile)설치

2. 비탈면 피복/보강 (불투수)

3. 침윤선이 제방 밖으로 나가 토록함

4. 제방단면 확대

5. 제방 침하에 대한 보강

  1) 조기 침하에 대한 성토 침하대책

  2) 연속침하 대책

Ⅵ. A제. (효사양 : 남동강부에 나나라국 하천제방 개보초사   good!

  - 2006년 장마기간 하천제방망 구조물 보강 중점관리 하는 것사방 보강

1. 조사 : 제방부위는 보링 탐사방법으로 지하부위 결함을 조사

  구조물 부위는 GPR (Ground probing radar) 로 탐사

2. 문제점 : 제방 라면에 누수층 존재

  → 홍수 수위차이에 의한 재래라측 물유출으로 제방 붕괴 위험

  → 제방구조물 나배수공로, 용배수 통기) 하단에 공동 형성 (+0.~ 5·)

  → 홍수시 영향력으로 이하 구조물 유실 증 위우려

7. 대책 : [제방부위 보강 : 제방 정부부에서 2열로 지라 습반까지

  Curtain Grouting 수시라여 차수벽 설치

  구조물 위치 : 공동 충진부 약유 라성 침류방 등으로

  SDS (약역주입확산공법) 라 있고 그라우팅공법을

  설계송 2009 하천제방 상식 위해 구조물 보강 하기

불량재료로 인한 제방 누수 사례

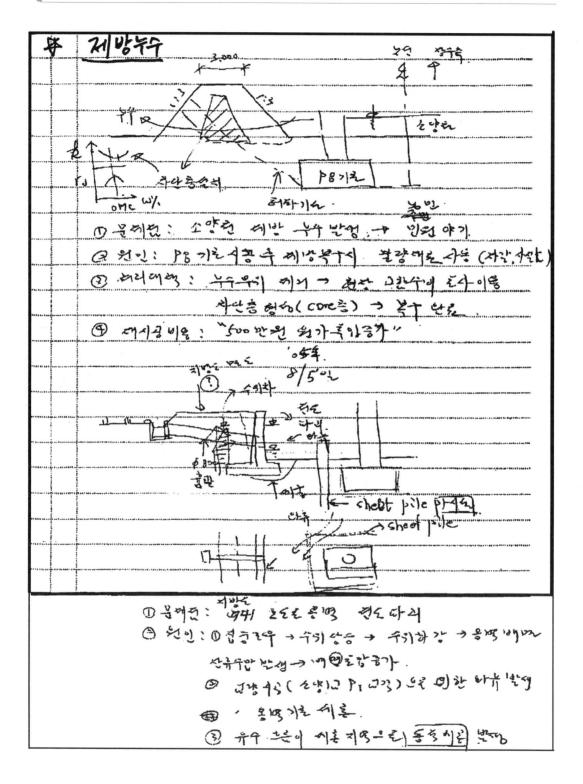

제방 시공 불량에 따른 누수 사례

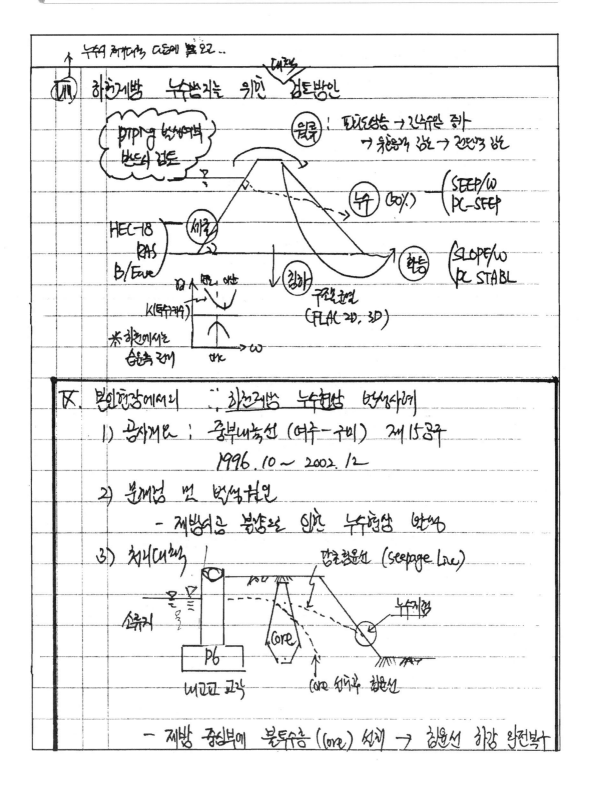

세굴 방지 사례

Ⅵ. 하천 제방 침하 방지를 위한 근본적 축면대책

　기층면 대책
　　제방고 확보
　　제방폭 ＂
　　축제 관리기준 수립

　설계, 계획적 대책
　　하천 계획고 검토
　　침하 예측 및 보강대책
　　예산 확보
　　침하 대비 보강 계획.

Ⅶ. 현장 개선 사례.

1. 공사개요

　1) 공사명 : 한강수계 하두 사방공사

　2) 공사기간 : '00.5 ~ '01.12

　3) 개 요 : 원통교 하류측 4.2km 구간

2. 현황 및 문제점

　1) 현황

　　공법선정시 하류보호공 침투차단이 하천정비 거리 설계.

　2) 문제점

　　기존 공법 그대로 반영, 호안축대 길층보가 누축보 침하 시공우려

3. 개선내용 및 효과

　1) 개선내용 : 호안축대 시공시 도막형으로 변경

　2) 효과 : 침하의 누수방지 및 제방 침하 사전예방.　　끝.

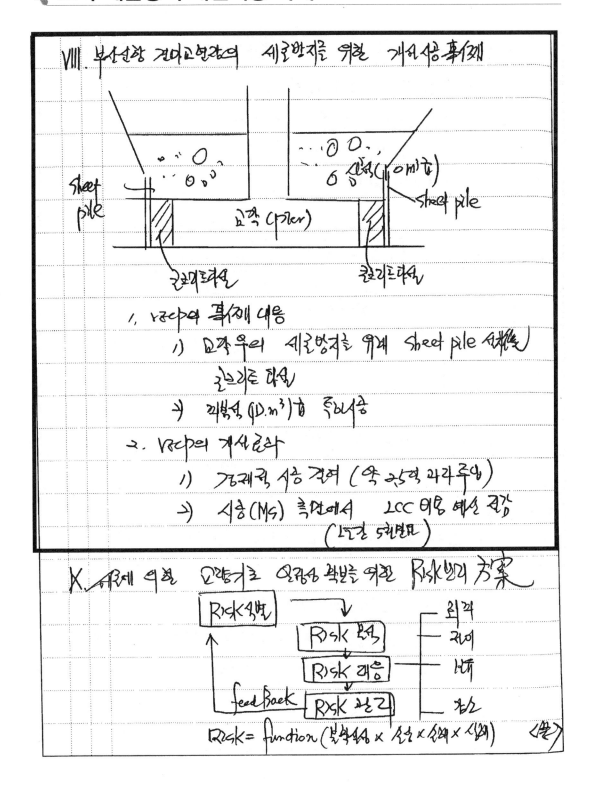

교각 세굴방지 개선시공 사례

교량 기초 세굴대책 사례

Ⅵ) 교량 기초하자 방지를 위한 대책 (원지층보다 더 나쁘게 확대하여상)

1. 세굴심도 검토 : Hec-Ras.

2. 적용세굴심도 → 허가 방법 적용

$H = 3.65 m$

3. 세굴방지 대책

→ Sheet pile 검토후 Cnc타설

→ 세굴도 3.65m 구간 사석채움식, 1.0㎥투입.

Ⅶ) 맺음말.

1. 유속이 빠른 하천상 교량기초 직접기초로 시공되어는 반드시 세굴에 의한 영향을 검토하여야하여

2. Cnc 블록방법 보다 1.0㎥ 사석을 사용하여 시공하는것이 가장 안정적이므로 재료의 측면만 가중한다면, 사석 방호공이 가장 적절한 공법이라 생각함

이형1

차집관로 시공 사례

Part 2

Professional Engineer Civil Engineering Execution

부산신항 : 안벽 6.35km, 방파제 1.5km

TTP 제작 개선 사례

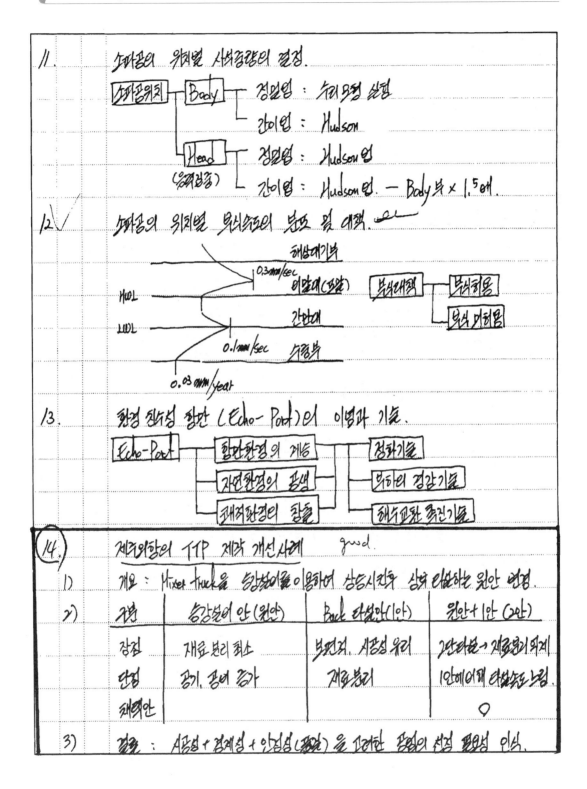

11. 소파공의 위치별 사석중량의 결정.

소파공위치 ─ Body ─ 정밀법 : 수리모형 실험
                  ─ 간이법 : Hudson
            ─ Head ─ 정밀법 : Hudson법
            (유력집중) ─ 간이법 : Hudson법. ─ Body부 × 1.5배.

12. 소파공의 위치별 묘석속도의 분포 및 대책.

해상대기부
0.3mm/sec
간막대 (조압)
HWL
간만대
LWL
0.1mm/sec 수중부
0.03mm/year

분석대책 ─ 분석허용
         ─ 분석 미허용

13. 환경 친화성 항만 (Echo - Port)의 이념과 기능.

Echo-Port ─ 항만환경의 계승 ─ 정화기능
          ─ 자연환경의 공생 ─ 육하의 경감기능
          ─ 쾌적환경의 창출 ─ 해수교환 촉진기능

14. 제켜외항의 TTP 제작 개선사례   gud.

1) 개요 : Mixer truck을 타설이물 이용하여 상승시킨후 상부 타설하는 원안 변경.

2)

구분	승강설비 안 (원안)	Back 타설안(1안)	원안+1안 (2안)
장점	재료 분리 최소	보편적. 시공성 우리	2단타설→재료분리 억제
단점	공기. 공비 증가	재료분리	1안에 의해 타설속도 느림.
채택안			♡

3) 결론 : 시공성 + 경계성 + 안정성 (품질) 을 고려한 공법의 선정 필요성 인식.

잔류수압 적용 사례

문 8) 잔류수압.

답)

Ⅰ. 잔류수압의 정의.

안벽 구조물의 조차에 의해 뒷채움재의
배수가 원활 하지 않아 발생하는 수압.

Ⅱ. 잔류수압의 발생 Mechanism (삼천포 연료하역 부두)

Ⅲ. 잔류수압 발생시 문제점.

1. 구조적 : 잔류수위 → 잔류수압 발생 → 활동력 증가.

2. 경제적 : 잔류수압 활동력 증가 → 저항력 증가상 → LCC 증가

Ⅳ. 잔류수압의 발생 원인.

1. 외적 : 해상 고저차 발생에 의한 원인

2. 내적 : 뒷채움 재 배수효과 저하.

Ⅴ. 잔류수압 발생 저감을 위한 대책 (삼천포 연료하역부두적용)

1. 근본적 : 뒷채움재 투수계수 $k = 1 \times 10^{-3 \sim 4}$ 적용 (잔류수위 저하)

2. 부가적 : Caisson 기초 활동저항력 증가 (f 증가시공) 〈끝〉

선착장 포장균열 사례

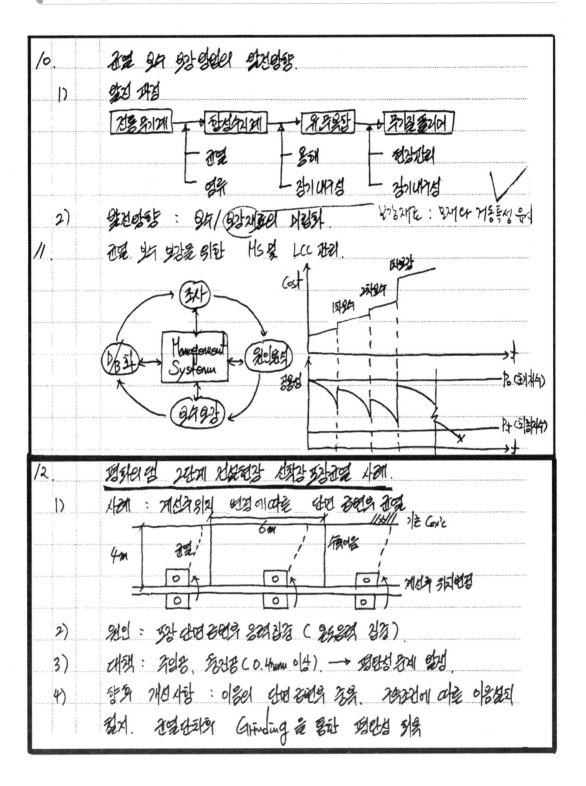

접안시설(Dolphin) 시공 사례

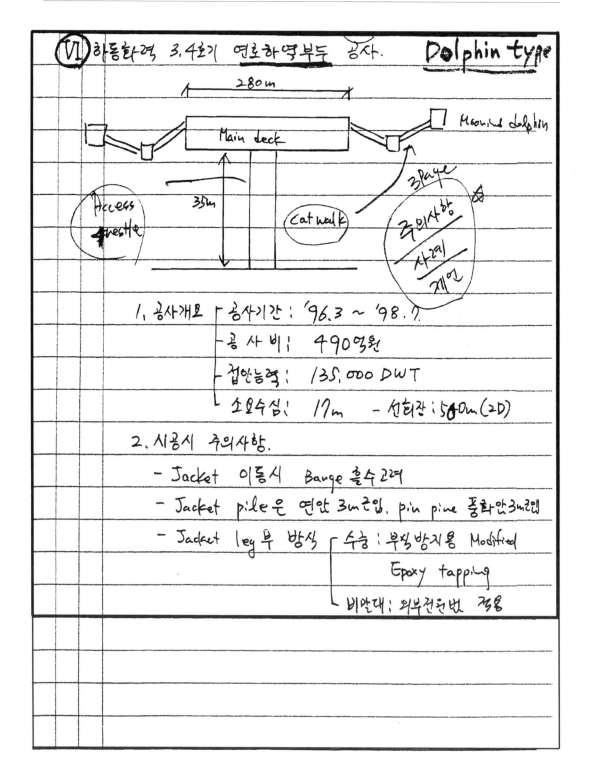

Ⅵ) 하동화력 3.4호기 연료하역부두 공사. Dolphin type

280m

Main deck

Moored dolphin

Access trestle

35m

Cat walk

3page
주의사항
사례
제언

1. 공사개요
- 공사기간 : '96.3 ~ '98.7
- 공사비 : 490억원
- 접안능력 : 135,000 DWT
- 소요수심 : 17m - 선회장 : 500m (2D)

2. 시공시 주의사항.

- Jacket 이동시 Barge 흘수 고려

- Jacket pile은 연암 3m근입. pin pine 풍화암3m근입

- Jacket leg부 방식 ┌ 수중 : 부식 방지용 Modified
                              Epoxy tapping
                    └ 비만대 : 외부전원법 적용

안벽 구조물 잔류수압 검토사례

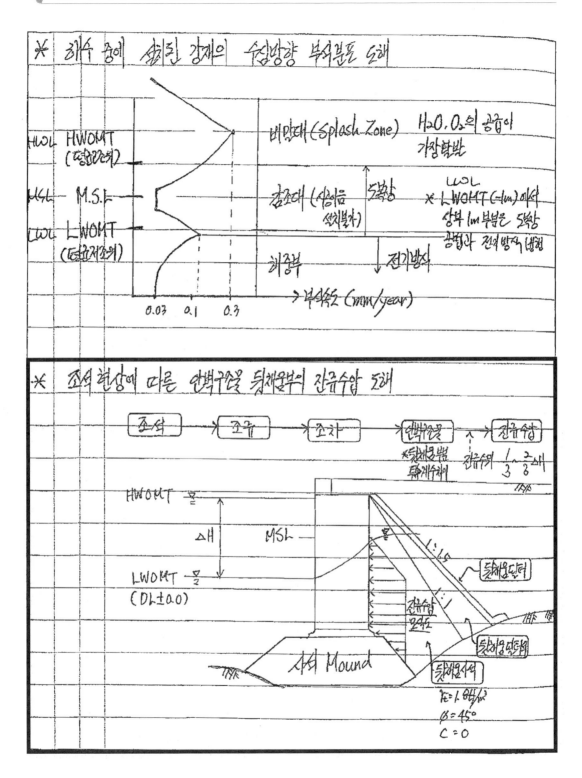

케이슨 단면검토 사례

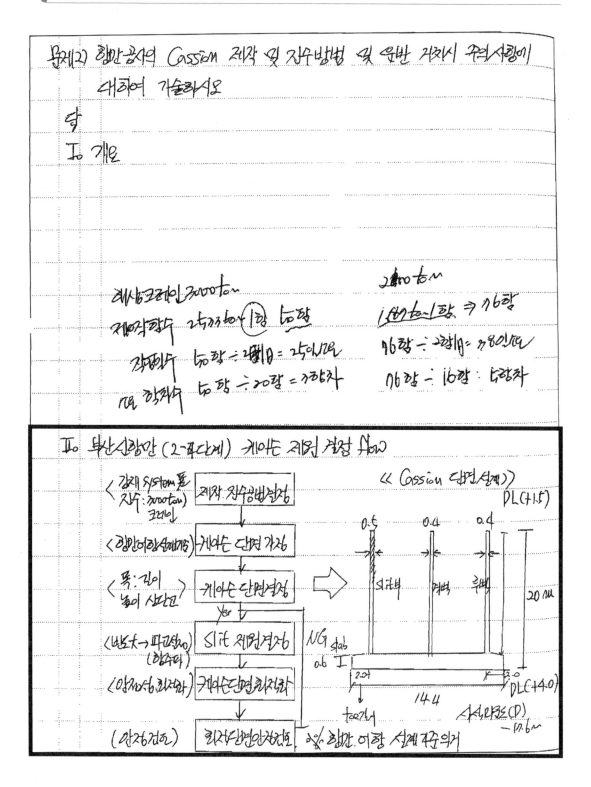

준설공사 장비변경 VECP 사례

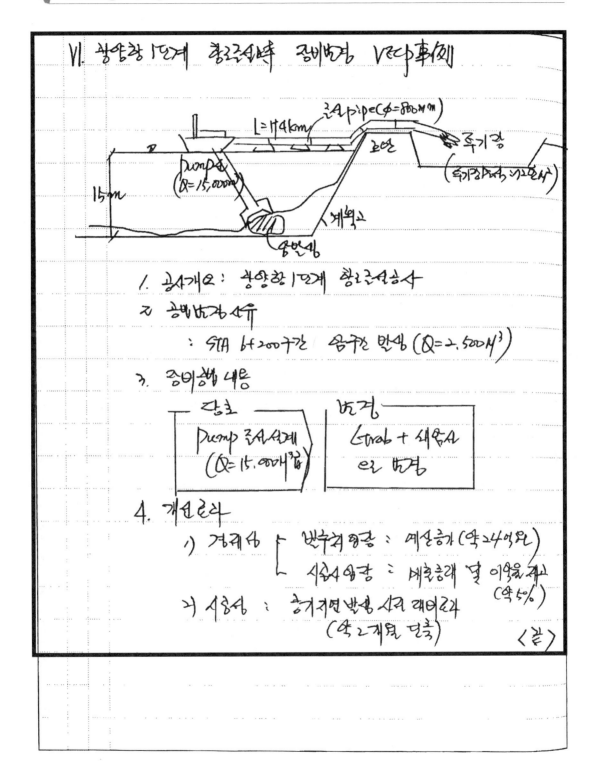

Ⅵ. 창양항 1단계 항로준설공사 장비변경 VECP 事例

1. 공사개요 : 창양항 1단계 항로준설공사

2. 공법변경 사유

   : STA 6+200구간 음구간 반영 (Q=2,500㎥)

3. 공법변경 내용

당초	변경
Pump 준설선계 (Q=15,000㎥/일)	Grab + 세운선 으로 변경

4. 개선효과

) 경제성 ┌ 반수직용공 : 예상증가 (약24억원)

   └ 사업비용공 : 대폭증래 덜 이익율 감소 (약5%)

) 시공성 : 음거지면 반영 시각 래어감소 (약2재료 단축)

   〈끝〉

케이슨 수중공사에 따른 품질확인 곤란 사례

케이슨제작	Slip Form	Slip Form	Slip Form	
적용사례	군장신항만 다수	제주외항		안벽, GPS 측량 도입

IX. 대형 케이슨 거치시 유의사항

  1. 거치조건 - 3일간 따고 0.5m 이하

  2. 고려사항 ┌ 케이슨 톤수

        ├ 해상조건

        └ 투입가능 가대설비

  3. 주수속도 조절

X. 조수 간만의 차가 큰 서해안 지역의 케이슨 거치시 유의사항

  조석현상 ──→ 기초사석이 휩쓸려나감

  ──→ 케이슨 거치 ──→ 케이슨 유동, 침하   부유물질(SS)

        다이빙실   sliding

Ⓧ I. 케이슨 설치시 수중공사에 따른 품질확인 곤란 시공사례

  1. 공사명 : 군장신항만 남측안벽 축조공사 2공구

  2. 공사개요 : 1800Ton급 Caisson 해상거치전 기초사석

        고르기공 품질공사

  3. 문제점 - 수중시공에 따른 품질확인 어려움 ┌ Echo sounder + 육안의 측량

                                   └ 강수시 육안확인

  4. 대책 - GPS 측량에 의한 위치확인

        Echo Sounder에 의한 수심측정

  5. 기술자로서의 교훈

      GPS 장비는 라이다만 항만 축의 특수성 및 구조물의

      환경을 감안할때 적극적인 도입이 바람직하다.

연약지반용 방파제 설계적용 사례

침은도	불량	유리	유리
지반적응성	양호	불량	유리
투과율	크다	거의없음	거의 없음
해수교환	유리	불리	불리

Ⅴ. 방파제의 위치별 소파공 사석중량

1) Body부 ┌ 정밀법 - 수리모형실험
          └ 간이법 - Hudson

2) Head부 ┌ 정밀법 - Hudson
          └ 간이법 - Body부 사석중량의 1.5배

Ⅵ. 최신 연약 지반용 방파제 설계 적용시 부벽효과

1) 방파제 경량화로 공사비 감소

2) 방파제 저변에 부력 설치

3) 격벽 사이의 흙과 마찰저항 지지 형성

Ⅶ. 기시공된 국내 방파제 시공실태의 문제점

1) 지반 처리후 방파제 시공전무

2) 울산항 한곳만 지반처리

Ⅷ. 친환경 방파제인 제주외항 해수교환 cassion공법 적용효과

1) 해수교환 방식으로 내수면 오염방지효과

2) 직면슬릿 방식으로 파고흡수효과

－끝－

Caisson 전도 복구 사례

10.	Caisson 거치전 가치방법의 분류법 비교

구분	침설	계류	비고
기간	장기간	단기간	
피해영향	大	小	
채택안 (부산신항안)		O	최대 거치를 원칙

11.	Caisson 운반 및 거치시 유의사항 → 강조

유의사항 ┬ 환경 ┬ 제작장 진이상태
│ ├ 운반거리에 따른 운반계획
│ ├ 진입로
│ └ 작업공간 (회전반경, 소요요수)
└ 해상 ┬ 조류, 파고
       └ 기상, 유속 조건 검토

12.	Caisson 전도 복기 사례

1) 사례 : 계류외향 Caisson 태풍외사로 인한 전도 거치 복기

DL +3.0
DL -6.2
Q.RR

2) 경과 : [Caisson 조사] → [인양방법 검토] → [모형실험] → [인양처리]

3) 방법 검토

구분	Floating Crane	Air 주입 + Crane	Pump System + Crane
장점	시공성 大	손상최소, 해수유입 이횡롱	손상최소, 공기, 공어유리
단점	Caisson 손상, 공어피가	공기, 공어문제, 민보문제	해수유입이횡롱, Pump 몽량착오
채택안			O

4) 결론

작업방법 간호, 공어취소, 공기단축 면에서 Pump System 성공적. 인양 거치시 추량주의.

Slit Caisson 시공 사례

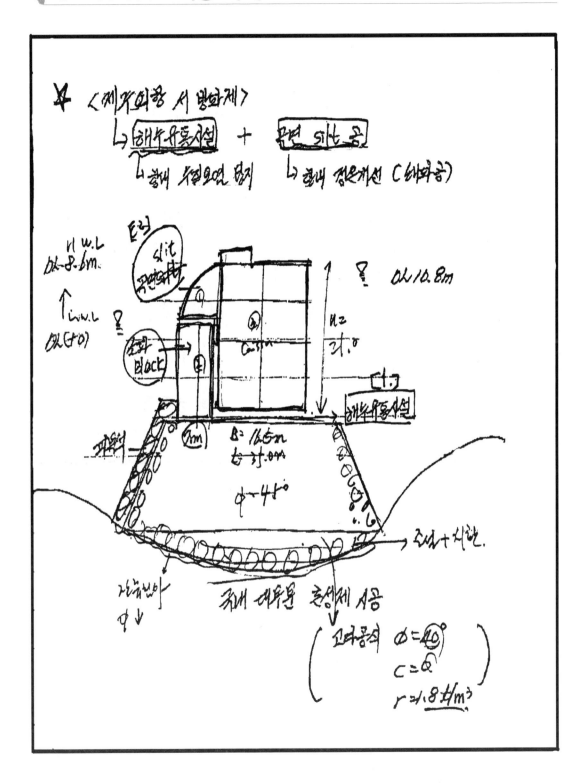

항만공사 설계변경 사례

Ⅴ. 부산신항 OO 부두 현장에서의 설계변경 事例

    1. 제1회 변경내용

        1) 지기개정에 따른 발주처여건에 의한 추가공종

            ⇒ 공법변경 (약 340억원 증액)

    2. 제2회 설계변경 내용

        1) 배수지 OO 추가공사 (약 54억원)

        2) 거더교공사 지연에 따른 간접비 발생

             ↳ 준공연장 (약 12개월)

    3. 제3회 설계변경 내용 : 물량 설계변경

    ※ 공사계약 일반조건 20△△년 2월 의거하여

        당초계약대비 25.4% 공사비 증액된 사례임

                              〈끝〉

케이슨 거치 기초부 VE 적용 사례

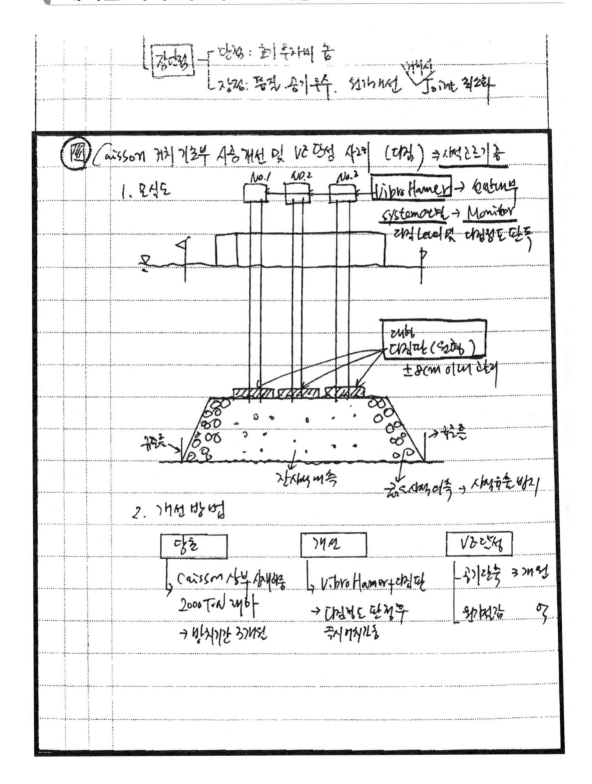

혼성 방파제 시공 사례

문 4)	혼성 방파제의 구성요소.	

답)

I. 혼성 방파제의 개요.

하부 지반은 경사식 방파제를 사용하고 상부에
콘크리트식 방파제를 사용한 공법으로 동해안에 많이사용.

II. 혼성 방파제의 구성요소. (삼천포 연료하역부두 방파제)

Parapet → 내항측

외항측   직립식 케이슨

HWL = DL(+) 3.9m
LWL = DL(+) 0.0m

32ton TTP
2-Layer

기초사석 0.1m³급

― 고저차 : 3.9m

안정, 힘 바닥책.

III. 혼성식 방파제와 직립식 방파제의 비교.

구분	혼성식	직립식	비교
정온도	양호	양호.	삼천포 연료하역
항내오염	양호	불량	부두 혼성식 적용
공비	적정	많음 (H=18~이상)	(케이슨 규모 -2,000ton)
하부지반	불량한 지반 가능	양호한 지반 적용	

IV. 혼성식 방파제의 특징.

장 점	항내 정온도 양호.	
	하부 지반이 불량한 경우도 적용 가능	
	항내 오염도 저감가능 (기초사석층을 통한 순환)	
단 점	하부 기초지반이 불량한 경우 비용 증가	〈끝〉

방파제의 붕괴 사례

③ 블록식 혼성제

    - 블록사이의 결합이 약하므로 케이슨보다 강도 작고 시공속도 느리다

④ 셀룰러 블록식 혼성제

    - 콘크리트 본체 상하에 구멍 뚫린 것이며 무근, 콘크리트 충재운시 강한 대파형 거친수 있다

⑤ 콘크리트 단괴식 혼성제

    - 콘래기 프라펜트 콘크리트 이용 단면이 큰 방파제도 시공이 가능

＊ 혼성제 설계시 고려사항

    - 직립부 : 전도, 활동, 저면의 지지력

    - 기초사석부 : 사석 경사면의 연한 활동, 기초사석 전도 중상 및 충수, 지체전체의 찬호활동

    - 파압 : 중복파가 작용할 때의 파압, 쇄파가 작용할 때의 파압

    - 양압력 · 부력

4) 직립제 ⇒ 혼성제의 직립제와 동일한 구조

    ① 특징 지반이 좋고 (세로 연여)가 많은 곳에 시공 적합

        수심이 깊은 곳에서는 제체가 과대해지므로 부적합

    ② 강반암등 직립제, 강 반등 직립제 : 연약지반에 적합한 암벽

3. 방파제의 붕괴 원인 및 대책 grade i

1) 붕괴 원인 (특히 동해안의 방파제 (경사제)가 예년 큰 피해)

    ① 중량부족 (항외 쪽 경사면의 쇄파, 인용불력)

    ② 월류 (항내 쪽 사면이 따리)

    ③ 사반의 활동, 파리 (근으공이 유실, 세굴)

기초사석 투하공 개선 사례

例) Caisson 거치를 위한 <u>기초사석 투하공</u> 시공개선 사례.

→ 투하Hose 이동

기반층

구분	당초	개선방법
투하방법	B/H이용 방용투하	투하Hose이용
투하형식	직접투하	간접투하
사석유실량	수심깊어 비계 유실과다	수심깊어 양호정도.
시공법	손실대상	타측 공사시 비용 감소될.

🦑 기초 고르기공 시공 사례

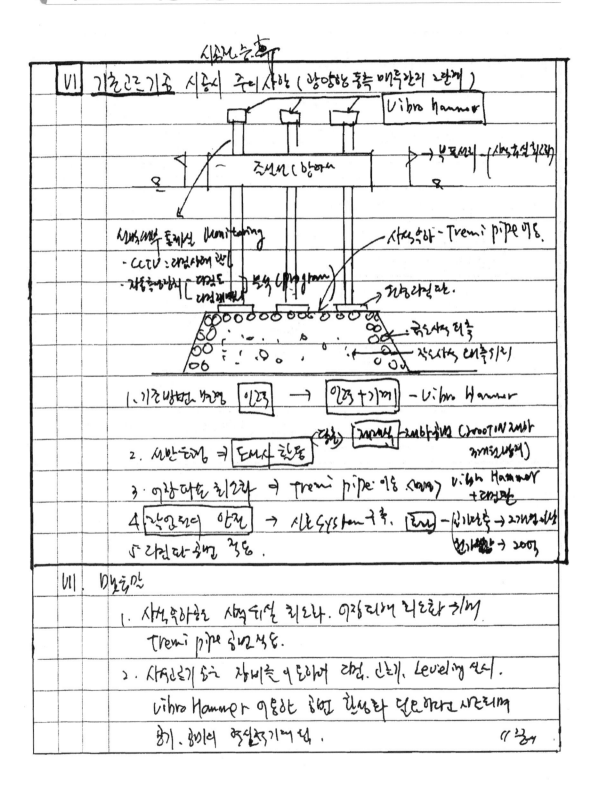

Floating Dock 시공 사례

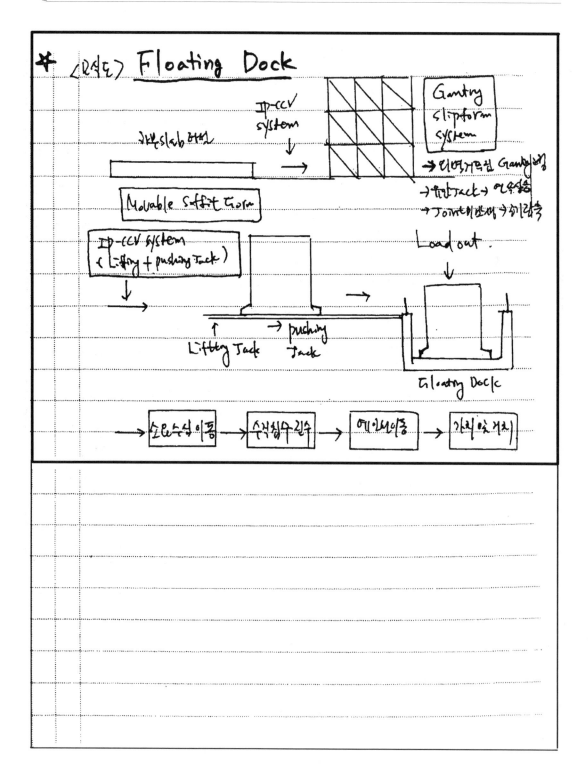

케이슨 제작 신공법 적용 사례

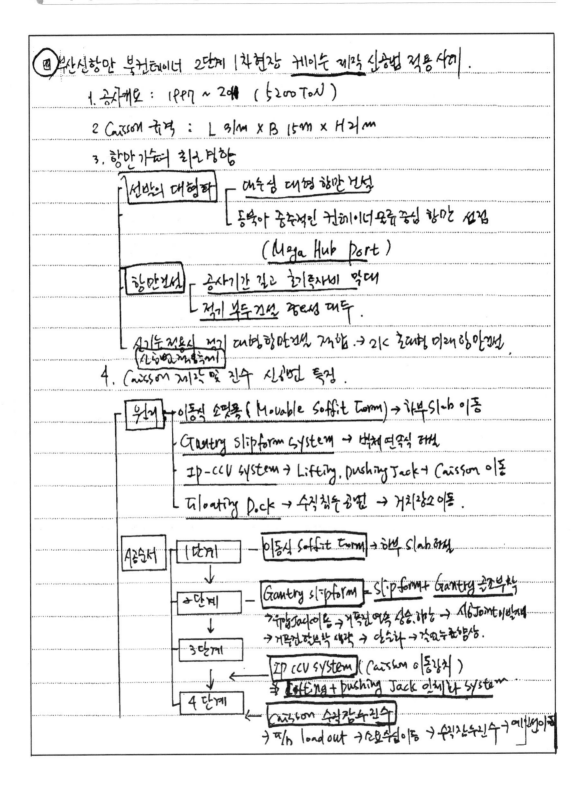

圀 부산신항만 북컨테이너 2단계 1차현장 케이슨 제작 신공법 적용 사례.

1. 공사개요 : 1997 ~ 2예 (5,200 TON)

2. Caisson 규격 : L 31m X B 15m X H 21m

3. 항만 가설 최신경향

- 선박의 대형화 ┌ 대수심 대형 항만 건설
            └ 동북아 중추적인 컨테이너 물류중심 항만 선점
              (Mega Hub Port)

- 항만건설 ┌ 공사기간 길고 초기투자비 막대
         └ 조기 부두건설 중요성 대두.

- 신기술 적용시 조기 대형항만건설 적합 → 21C 초대형 미래항만건설
  (신공법적용증대)

4. Caisson 제작 및 진수 신공법 특징.

- 원리 ┌ 이동식 소핏폼(Movable Soffit form) → 하부 Slab 이동
       ├ Gantry slipform system → 벽체 연속식 타설
       ├ IP-CCV system → Lifting. pushing Jack → Caisson 이동
       └ Floating Dock → 수직침동공법 → 거치장소 이동.

- 시공순서 ┌ 1단계 ─ 이동식 Soffit form → 하부 Slab 타설
         │   ↓
         ├ 2단계 ─ Gantry slipform ─ slipform + Gantry 공간부착
         │   ↓   ┌ 유압Jack이동 → 거푸집 연속 상승.하강 → 시공Joint 이발생
         │   └ → 거푸집탈부착 대책 → 연속화 → 작업능률향상.
         ├ 3단계 ┌ IP CCV system (Caisson 이동장치)
         │   ↓   └ ≠ lifting + pushing Jack 일체화 system
         └ 4단계 ─ Caisson 수직침수진수
                  → P/n load out → 진오수심이동 → 수직진수진수 → 예인이동

DCL 적용 사례

Ⅷ. 광양항 3단계 1,2차 컨테이너터미널 축조공사에서의 신공법 적용사례

1. project 명 : 광양항 3단계 1,2차 컨테이너터미널 축조공사

2. 공사조건 : ① 수심 14m 의 항로와 참착한 버력부지 확보

   ⓒ 부두가 안쪽로 형성되어 방파제 없이도 정온수역유지
   ⓒ 항량 5,200 TON

3. 공법개요 : Jacking System을 이용 각단계별 병도제작 및 연속시공

   ① 육상에서 저판 제작 → 벽체제작 → 완성 → DCL선 선적

        Jacking System 위의함 이동

   ⓒ 예인선에 의해 잠수함으로이동 → 발라스트조절 (1분접으로 거른다)

   → Caisson을 미끄러지게 접수 → 접수완료 → 거치 → 측향용 → 상치 00c

4. 개선효과

   ① 공기절감 및 원가절감 : 5,000 TON급 Caisson 일주력 간격으로 연속생산, 접수및거치가능

   ⓒ 구조물이 상승이동 (대의 j이까) 없어 수익성 및 내구성 우수

   ③ 벽체의 연결도 확보 우수

   ④ 동력기 전기보온연방 이동, 4계절 전천후 24시간 연속시공가능

                                                            "끝"

📌 부산 신항 준설토 유출 사례

3. 여수로의 높이 증가.

4. 매립되는 면적을 가능한 작게 하기 위해 Block 분할.

Ⅳ. <u>부산신항 준설토 투기장 운례선 사례.</u>

HWL DL+1.906 DL+2.5   DL+5.0
Temporary Dike Filter mat. 준설토 투기.
DL(-)5.5.
준설토 유출.
0.05㎥ 중이하 사석.

1. 가로안 내측 Filter mat 사용하였으나 mat 밑으로
   준설토 유출 ⇒ Filter mat 연상 소성 검토

2. 여수로에 설치한 오탁방지막 유실 → 오탁수 외해로 유출
   오탁방지막 재설치 및 유지보수비용 : 1억 8천 소요

3. 여름철 준설토 투기장내 모기 및 다량의 파리 발생

(Grab 준설선)   △

Ⅰ. Grab 준설선의 정의.   운서 잘 읽 하세요!

   그래브 버켓을 물속에 낙하시켜 토사를 긁어 옮기는 방법으로
   준설능력이 적고, 비교적 소규모 공사에 적합.

Ⅱ. 준설선의 분류.
                                  ┌ Dipper
   ┌ Mechanical → Bucket제 ┤ Bucket $Q = C \cdot E \cdot N$
   │   └ [Grab]
   │
   └ Non - Mechanical → Suction제 → Pump $Q = \dfrac{B \cdot Z \cdot 우}{100}$

준설선 안전 확보 사례

준설매립 시 유보율 산정 사례

3. 준설 강도
   o. 개착성 = 안재서 관착성 + 비유보 (0.3~0.60㎝)

4. 사토방법 [작업 사토 < 준설 사토중시 > → Pump
              [분기리 사토 < 토운선 이용 > → Dipper Bucket Grab

Ⅳ. 준설선 특징

종류	장점	단점	비	고
o Pump	- 준설능력 大 - 경제성 유법 - 준설 사토동시	- 연안. 경토 불리 - 송토거리 제한		
o Bucket	- 준설능력 정밀성大 - 경토 준설 능기	- 준설시 탯 - 강재 장대		
o Grab o Dipper	- 장비간단. 운반 - 군착력 큰대 - 경질토사 가능	- 준설능력 小 - 준설. 정비 大 - 수면용 없음		

Ⅷ. 준설시 비유보 배해 [기) 비유보목 : Grab → 4㎝ Pump.b㎝
                    [라) 비 유 ; < Pump 0.3~0.8m
                    [< Grab 0.3~0.6m
                    [3) 비 해 : 비유 + 0.2~0.4m

Ⅸ. 매립준설 시 유보율 산정 문제점 / 대책 < 품질강조 예 >
   1. 유보율 : 매립토량 ÷ 준설토량 × 100 (%)
   2. 토질별 유보율   100%   약   70%
      (강성)   ━━━━━┿━━━━┿━━━━
                         자갈   모래   점토. clay
   3. 문제점 : 침하량 전단수축량 미고려 → 매립고 부족
   4. 대 책 : 산적 거동 연구 → 유보율 정립 필요
                              ㆍ끝ㆍ

매립현장 매립측량 사례

9. 준설 매립공사시 유보율. (Pump) [매립]

1) 정의 : 유보율 = 잔류토사량 / 준설토사량.

2) 해양수산의 설계기준.

유보율	50%	75%	95~100%
토질	점토	실트	모래/자갈

10. 준설선의 종류

준설선 ── Non-Mechanical : Pump ── 자항
                                    └ 비자항식
        └ Mechanical : Bucket, Grab, Dipper 계열.

보조선 ── 토운선, 예인선, 양묘/연락선.

11. 준설선의 종류별 특성.

구분	Pump	Grab	Bucket	Dipper
준설기구	Pump 흡입	Grab bucket	Bucket Conveyor	Dipper
준설특성	사토준설우수	준설깊이제약	준설능력우수	최대의굴착력
장점	연약토사준설 장비확보	협소공간	조류파랑 관계없음 대규모공사	경질토 대량준설 Boom 수평회전
단점	근입지반부적합 준설단가과가	근입지반부적합 수리비과가	근입지반부적합 준설단가 과가	깊이확보 곤란 준설단가 과가

12. 송도3공구 매립현장 매립측량 사례

1) 측량의 중요성 : 매립 8% 이상 완료시 잔량측정 → 준설 추가 및 접속시기 결정

2) 현재의 문제점 : 유유도에 의한 리입증가 → 측정계산 → 오차발생.

3) 측량사례 : 수심양용 접근 잠어 이용을 통한 부유도 측량.

4) 한계성 : 부유토거가 일정량 불필요, 전문잠어기사 필요.

준설공사 시 오염퇴적물 제거 사례

장계	작업대상	특징	비고
bucket	연간호수, 오니	능정밀동도, 강병시공가는	✔ 오니러 대러사 이용
Grab	연간호사	능개강가, 적방도사	
dipper	경사i	강암방각大, 사비강능	✔ 강라서 공사시
pump	연간i	공리초대소, 버러수이용	✔ 안거능 맹리시 이용.

☑️. 현장 적용사례

1. 공사개요

1) 공사명 : <u>조촌건항 준설공사</u>

2) 공사기간 : '97.1 ~ 12

3). 개요 : 항내 퇴양오염 퇴적층 준설

2. 현황 및 문제점

1) 현황

유입하전류 및 선박에 의한 오염악화

2) 문제점

냉축거원및 국민건강 악영향 초래

3. 대책 및 교훈

1) 대책

Grab 준설후 해양 투기

2) 교훈

유입하전 오염 퇴적층 관리 및 환경영향 제고.

Part 2

Professional Engineer Civil Engineering Execution

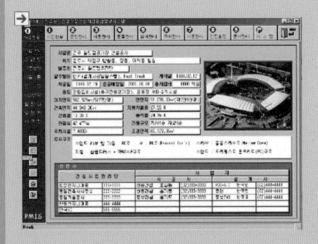

공정관리 프로그램

최저가 낙찰제 적정성 심사 사례

2. 최저가 낙찰제와 최고가치 낙찰제
(답)
Ⅰ. 최저가 낙찰제와 최고가치 낙찰제의 정의
1. 최저가 낙찰제 : 현행 300억 이상 공사 최저가 제시 업체 선정
2. 최고가치 낙찰제 : LCC를 고려한 최적공법 제시 업체 선정

Ⅱ. 최저가 낙찰제와 최고가치 낙찰제의 차이점 (영월복합화력 적용 등)

구분	최저가 낙찰제	최고가치 낙찰제	비고
평가요소	· 공사비	· 유지관리비용	※ 영월복합화력
		· 공법	: 공사비 약
낙찰자선정	· 최저 공사비 제시 업체	· LCC를 고려한 최적공법 제시업체	1,300억원 → 적정성 심사를
문제점	· 최저 공사비에 따른 부실공사 우려	· 최적공법 판단기준 미비	통해 3社이상
대책	· 적정성 심사	· 평가기준 수립	병행/현재 진행

Ⅲ. 최저가 낙찰제의 문제점 및 대책 (영월복합화력 변경공사)

문제점	대책
1. 원인적 : 부실공사 우려	· 적정성 심사 시행
2. 부가적 : 유지관리비 증가	(공종별 평균가 미달 공종이 기준갯수 이하시 적합(업체))

Ⅳ. 최고가치 낙찰제 도입을 위한 향후 개선방향
1. LCC 평가 기준의 객관성 확립
2. 최저가 낙찰제와의 상호 보완 필요   "끝"

Claim 발생 사례

Ⅶ. 하동화력 #7.8 가슿자원용역의 문제점 및 대책

	문제점	대책
1. CM인 한국전력기술(주)		· 반석치의 보안 (여시)
설비 승인시 책임한계의		수김
모호		· 사전 협의 후 승인

Ⅷ CM 제도의 발전방향

1. 운영적

    1) CM 제도에 의한 인력 확산

        → 교육 및 세미나 등.

    2) 발주치의 적극적인 의지 : 'Piece 메체 방성은
                                                전탄하는 경향'

2. 부가적

    1) CM의 책임한계 명백히 : 계약, 법규.

    2) 가슿력 향상

3. 제언

    하동화력 #7.8 가슿용역 서행 중 책임한계가 분명탄
    하여 CM인 한국전력 가슿 (수) 시공시인 삼성물산,
    두산중공업 및 낙번발전 간의 claim 발성
    → 도면 승인에 대한 책임 여부

    따라서 향후 CM 제도의 정북을 위해 이해관계자의
    책임 한계를 명탁히 탈수 있는 제도적, 법적 장치 이전

                                                                끝.

CM for fee 발주 사례

5. 위험형 CM과 순수형 CM

(답)

I. 위험형 CM과 순수형 CM의 정의

   1. 위험형 CM : CM at Risk로 CM의 위험성이 큼, 책임성이 높음

   2. 순수형 CM : CM for fee로 CM의 자문형성으로 운영, 책임성 낮음

Ⅱ. 위험형 CM과 순수형 CM의 차이점 (하동화력 #7.8 기술지원용역)

구분	위험형 CM	순수형 CM	비고
관계도	발주처	발주처	* 하동화력 #7.8
	AE ←----- CM 시공사	AE ←--- CM ---→지원	Island Turnkey 기술지원 용역
	— : 계약 ---- : 지원		: 한국전력 기술(주)
용어	CM at Risk	CM for fee	용역비 약 100억원
책임도	책임성 큼	책임성 낮음	↓
	(책임한계 명확)	(책임한계 불명확)	CM for fee 형성
비용	공사비의 3~5%	공사비의 1~2%	

Ⅲ. 순수형 CM인 하동화력 #7.8 기술지원 용역의 문제점

   1. 우선적 문제점 : 1) 책임 한계 불명확 → claim 소지 많음

                      2) 기존 방식과의 차이가 극명하지 않음

   2. 부가적 문제점 : 발주처와 CM에 대한 이해 부족

Ⅳ. 순수형 CM을 포함한 CM 체계의 정착을 위한 개선방향

   1. 1차적 : CM 형성에 대한 이해관계자의 이해 증진 도모

   2. 2차적 : 책임 한계 명확히

                                          끝 "

사전조사 미비에 따른 Claim 사례

Ⅵ. 시공계획 사전조사 미비시 따른 Claim 발생 사례

1. 공사명 : 행당도 항유수면 매립공사 (사업주관 : 한국도로공사)

2. 공사진행방식 : SOC CBOT 방식

3. 문제점 : 기성금 지체 이자 청구시 선급금 포함 여부

   [발주처 주장 : 계약서상 명기 안되므로 미지급 타당
   [시공자 주장 : 공사비에서 완료 검의되신 경우 지급 타당

4. 원인 : 1) 공사 도급계약서 해당부분 미산입
   2) 수의계약에 따른 선시공 (원가용처 기면), 선급금 미지급

5. 대책 : 향후 명확한 하수전위치 협의결과 발주처 의사수렴.

6. 교훈 : 공사도급계약시 계약조건 철저히 검토및 관련사항 명기

끝

📌 비용구배(CS) 산출 사례

3. 비용구배
   (답)

I. 비용구배의 정의 (M·C·X)
   공기 1일 단축 최소비용으로써 CPM 기법을 통반
   공기단축 방법시 활용하며 Critical Path 선정에 주의하여야 함

Ⅱ. 활동하력 7.8하기 배수구조물 돌관공사 비용구배 산출방법.

Cost slope = $\dfrac{\text{급속비용} - \text{정상비용}}{\text{정상공기} - \text{급속공기}}$

Cost slope : $\dfrac{(80 - 70)억}{(180 - 150)일} = \dfrac{10억}{30인}$

$\doteqdot$ 약 0.3억/일.

비용구배 = f(인원과 정비, 설비)

Ⅲ. 비용구배를 활용한 [Extra Cost] 산출방법 및 공기단축 순서
   1. CPM 에 의한 Critical Path 선정
   2. Cost slope 산출
   3. Extra Cost = 단축일수 × Cost slope
   4. Critical Path 재선정, 반복

Ⅳ. 비용구배 산정시 주의사항 및 한계성 (활동하력 #7.8 배수구조)

주의사항	한계성
- Critical Path 선정 주의	- 공비 미적인 요인 반영 비틈
- 공기단축후 C.P 재선정 철저	- 복합공종시 난이 "끝"

EVMS를 이용한 원가관리 사례

5. 건설공사에서 원가관리 방법에 대하여 설명하고 비용절감을 위한 여러활동에 대하여 기술하시오.

(답)

I. 개요.

1. 건설공사에서 원가관리 방법으로는 PDCA에 의한 공정관리, EVMS, VE. LCC 등이 있음

2. 비용절감을 위한 여러 활동으로는 VE와 LCC 등이 있으며 전산화 및 생산성 향상 등의 활동이 있음.

3. 남제주화력 발전소 L 탱크방파벽 Anchor Block 재활용을 통한 시공 VE로 약 5억원의 비용절감 및 폐기물이 발생으로 환경성도 확보함.

Ⅱ 하동화력 7.8호기 EVMS를 이용한 원가관리

1. 공사개요 : 하동화력 7.8호기 배수구조물 축조공사 ('06.11~'07.12)

2. SV = 기성공사비 − 계획공사비 = 28억 − 35억 = −7억

3. CV = 기성공사비 − 실행공사비 = 28억 − 38억 = −10억

EVMS 활용 사례

9. EVMS (Earned Value Management System)
(답)

Ⅰ. EVMS의 정의

비용·일정을 통합 관리하는 기법으로 Schedule Variance 와
Cost Variance을 검토하여 공정관리하는 기법임.

Ⅱ. EVMS를 활용한 하동하력 #7.8 배수로 축로공사 공정비교

$SV = 기성공사비 - 계획공사비$
$= 28억 - 30억$
$= -2억원$

$CV = 기성공사비 - 실공사비$
$= 28억 - 33억$
$= -5억원$

※ 공기단축을 위한 돌관공사 검토 및 원가 분석 선행 필요.

Ⅲ. EVMS 도입시 문제점 및 효과

1. 문제점
   1) 외선적 : 사용자의 이해 부족
   2) 복가적 : Data의 부정확성

(공기) + WBS
공비) 기술력
↓
EVMS

2. 도입효과 : 공기, 능비 절감, 기술력 향상, 문서 절감.

Ⅳ. EVMS 도입을 위한 향후 개선방향 (하동하력 반영은 건설분야)

1. 기술적 : 1) 비용·일정 통합 관리에 따른 Program 향상
            2) 사용자 고육 시행

2. 관리적 : 계약상 EVMS 사용에 대한 명시   "끝"

ACP의 시공 VE 사례

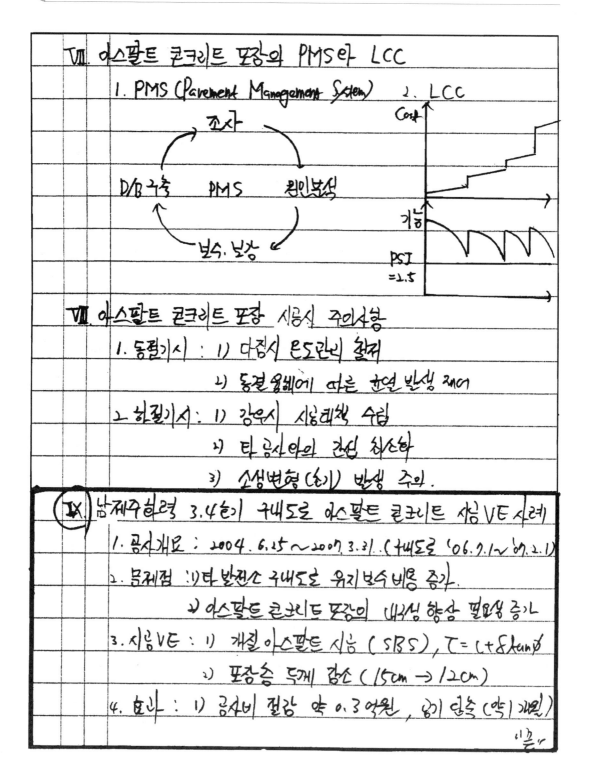

Ⅶ. 아스팔트 콘크리트 포장의 PMS와 LCC

1. PMS (Pavement Management System)

조사

D/B 구축   PMS   원인분석

보수. 보강

2. LCC

Cost

기능

PSJ =1.5

Ⅷ. 아스팔트 콘크리트 포장 시공시 주의사항

1. 동절기시 : 1) 다짐시 온도관리 철저

2) 동결융해에 따른 균열 발생 제어

2. 하절기시 : 1) 강우시 시공대책 수립

2) 타 공사와의 간섭 최소화

3) 소성변형 (손실) 발생 주의.

Ⅸ 남제주 하력 3.4호기 구내도로 아스팔트 콘크리트 시공VE 사례

1. 공사개요 : 2004. 6. 15 ~ 2007. 3. 31. (구내도로 '06. 7. 1 ~ '09. 2. 1)

2. 문제점 : 1) 타 발전소 구내도로 유지 보수 비용 증가.

2) 아스팔트 콘크리트 포장의 내구성 향상 필요성 증가.

3. 시공VE : 1) 개질 아스팔트 시공 (SBS), T = L + 8 tan∅

2) 포장층 두께 감소 (15cm → 12cm)

4. 효과 : 1) 공사비 절감 약 0.3억원, 2) 공기 단축 (약 1개월)

이끝~

Anchor Block 시공 VE 사례

Ⅴ. 남제주화력 3.4호기 시공 VE 사례

1. 공사개요 : 인력방지막 Anchor Block 재활용을 통한
   공사비 절감 (옹벽 역쇄로 활용)

2. 인력방지막 Anchor Block 제원
   1) Main Block : $2^m \times 2^m \times 1^m$ 약 90 EA
   2) Sub Block : $1.5^m \times 2^m \times 1^m$ 약 100 EA

3. 절감효과 : 1) Block 폐기물 처리비 약 2억원
   2) 옹벽 공사비 약 3억원 등 총 5억원 절감
   3) 환경성 우수 (폐기물 비반성)

Ⅵ. 발전소 건설공사 비용절감을 위한 제언

1. 제도적 측면
   1) 건설 예산의 정확한 산정 기법개발
   : 현행은 기존 (선행) 발전소 건설공사비 활용
   2) 적정 ROIC 지표 산정
   : 지표 달성을 위한 무리한 예산 집행 근절.

2. 기술적 측면
   1) 신기술·신공법의 적용 (단, 신뢰성 검증 선행)

"끝"

터널환기방식 설계 VE 사례

Ⅵ. 터널 환기 방식 시공시 주의사항

1. 시공전 : 환기량 계산 철저   환기량 (중사위)

2. 시공중 : 1) PIARC 기준 만족 (CO 100ppm, NOx 100ppm)

   2) 설계 기준과의 부합 여부 check

3. 시공후 : 1) 유지관리 철저

   2) 주기적인 오염농도 check

Ⅶ. 이동하령 해안도로 ○○터널 환기방식 변경사례 (설계 VE)

1. 공사 개요 : L = 253m, 공사기간 '05.3 ∼ '06.2.

2. 문제점 : 1) 당초 설계시 Fan (종류식) 설치

   2) 설계 통풍량 재산시 자연통풍 만족

3. 설계 VE : 자연통풍으로 변경

4. 효과 : 환기 공사비 약 3.5억원 절감

5. 향후 중점 check 사항 : 터널내 오염농도 check (수기적)

Ⅷ. 터널 환기 방식 발전을 위한 제언

1. 법적. 제도적 : 1) 국제 기준인 PIARC에 부합하는 국내

   환기 기준 제정

   2) 자연 통풍량을 고려한 설계법 개발

2. 기술적 : 1) 통풍 효과가 우수한 장비 개발

"끝"

고속국도 VE 적용사례

문제 3   가치공학 (VE)   이〜

답3. I. 가치공학의 정의

   최저의 Life cycle cost 로 기능을 만족하기 위한 조직적인 개선노력으로.

   공기, 안전, 품질 의 개선 요소 와 원가절감 요소를 찾아내는 활동

  Ⅱ. VE에서 개선대상 가치

   사용가치. 귀중가치

  Ⅲ. VE의 적용 기법

$$V = \frac{F}{C} = \frac{기능 COST}{현상 COST}$$

  Ⅳ. VE의 Flow chart (5단계)

   현상파악   →   기능 평가   →   아이디어   →   개선 제안   →   Follow
   기능 정의   발상   up

  Ⅴ. 현장에서의 VE 적용사례

   · 현장명 : 고속국도 제45호선 (현풍 - 김천간) 건설공사 ○ 공구

   | 현상파악 | 교각 철근 조립시 장철근과 띠철근을 인양 후 고소에서 조립 |

   | 기능평가 | 철근인양 + 철근 조립 + 철근 결속 $V = \frac{기능 COST}{현상 COST} = \frac{1.2 백만원/개소}{1.2 백만원/개소} = 100\%$ |

   | 아이디어 발상 | 장철근 + 띠철근 을 지상에서 결속 후 인양하여 |

   고소에서 수직 철근만 결속

   | 개선 제안 | 고소할증 노무비 감소 → $V = \frac{기능 COST}{현상 COST} = \frac{1.2 백만원/개소}{1.1 백만원/개소} = 110\%$ |

   | Follow up | 철근 망 인양시 인양부위 변형 → 보강 철근 추가   "끝" |

품질분임조 사례

Ⅶ. 아스팔트 콘크리트 포장 파리 처리 대책

유지공법	보수공법
부분 재포장, Patching	Overlay
표면전석후 재포장	전석후 Overlay
절삭	전면 재포장

Ⅷ 아스팔트 콘크리트 포장의 PMS와 LCC.

Ⅸ) 남제주화력 발전소 구내도로 파손 대책 수립을 위한 품질분임조 사례

1. 개요 : 매년 특입되는 유지보수 비용 최소화를 위한 품질분임조 활동
(2007년 상반기 자체 경진대회 금상수상)

2. 문제점 : 1) 매년 약 1.5억원의 포장 보수비용 특입

3. 원인규명 (Pareto Program) 및 대책 수립

1) 중차량 이동통로 변도
개설 (CCP로 대체)

2) 유지보수비의 적정 사용
(over 특입 방지)

4. 효과 : 연간 약 0.2억원 절감 기대

"끝"

환경영향평가 사례

Ⅵ 하동화력 태양광 발전설비 환경영향평가 사례

1. 공사개요 : 하동화력 인근 사면 태양광 (1,000 kw) 설치

2. 문제점 : 산지 훼손 과다 (18,000 m²) 이유로 환경영향
   평가 보안조치

3. 대책 : 산지 훼손 최소화 (18,000 m² → 10,000 m²)
   평지로 대체

4. 태양광 사례로 판명한 환경성 검토의 문제점

   1) 18,000 m² 훼손나 10,000 m² 훼손시 환경 영향의
      차이점이 없음 (하동 태양광 부지는 토취장으로 예계난)

   2) 환경 정책 담당원의 일률적 평가 (현리단가 없음)

5. 개선방향 : 1) 현지 조건을 감안한 평가 시행

   2) 환경만을 우선시 보기 보다는 동반 성장
      (지속 가능성장)을 위한 대안 검토 필요 "

민원발생 사례

Ⅶ 남해고속도 #3.4 배수로 축조공사 민원발생사례 및 재연

1. 공사개요 : '05.10 ~ '06. 9 , Semi-shield 터널 397ᵐ.

2. 민원발생 개요.

  1) 민원인 : 대자연 영농조합 장은흠 (전복양식장)

  2) 원인 : Grouting 시공으로 시멘트 Mortar 결리전은 통비 바다 유출 → 전복양식장 유입 → 폐사 (5만비)

  3) 피해액 : 감정평가 결과 약 2.5억원.

3. 문제점 : 1) 민원으로 인한 공사기간 지연

  2) 회사 이미지 추락

4. 원인 : 1) 환경영향평가, 시공전 조사 등 초기단계에서 전복양식장 조사 누락

  2) 인락방지막 내 조사 누락 위치.

5. 대책 : 1) 감정평가 시행 후 보상 : 약 2.5억원

6. 교훈 : 1) 사전조사 철저

  2) 인락 방지막 등 설비기준 준수

   : 시공자의 시급성을 이유로 수면 하부에 미설치 상태 였음.

7. 제언 : 1) 환경영향평가 실시

  2) 법적. 제도적 민원 반영에 대비한 사전 자료수집

구조물 해체공사 시공 사례

Ⅳ. 도심지 고가도로 구조물 해체공사의 시공사례

1. 공사명 : 최첨단 고가도로 해체공사
2. 시공방법 : Fast Track 방식 채택
3. 해체공법 : 다이어몬드 와이어 쏘우 공법 적용
4. 시공순서 : [바닥판 해체부] → [교각상판부] → [중심부]
5. 폐기물 : 95% 재활용계획 (53만 TON)

Ⅴ. 도심지 고가도로 구조물 해체공사 시공 유의사항 (안전관리)

1. 시공시 안전 Mechanism

2. 시공 안전관리 목적
   1) 인명존중   2) 쾌적한 작업환경
   3) 재해요인 제거   4) 제3자에 대한 안전확보

3. 시공시 안전관리 대책
   ┌ 설계 안전관리 대책 → 구조적안정
   ├ 발주 안전관리 대책 → 특약조건 작성
   ├ 계약관리 대책 → 품질안전관리비, 환경방지비
   ├ 시공관리 대책 → 교육실시
   └ 감리·감독 대책 → 감함자선임

PMIS 기법 활용한 TPMS 적용사례

향후 래유을 항상요

(문제2) PMIS (Project Management Information System)

(答) I. PMIS의 정의

건설정보화 System의 일종으로 건설공사의 대규모화. 복잡화로
효율적인 건설관리를 위해 만드는 System

Ⅱ. PMIS를 포함한 건설정보화 System 발전흐름

```
CALS  →  CITIS  →  PMIS
(발주자.용역사)  (발주자.계약자)  (시공사)
                          (PM업체)
```

Ⅲ. PMIS의 도입배경

1. 건설공사의 대규모화. 복잡화 증가시
2. 공사단계별 설계변경. 기술 자료화
3. 체계적인 시공관리 미흡으로 공사비.공기 과다 소요

Ⅳ. PMIS의 효과 (건설정보화 system 적용시)

1. 공사비 절감   5. 기술력 제고
2. 공기단축   6. 리더관리 개선
3. 부실 경감 효과
4. 투명경영 (기업투명성)

Ⅴ. PMIS 기법을 활용한 TPMS 적용사례 (서울지하철 구간 4공구)

Total Project Management System

B/MS + 일괄관리방식

건설공사 Claim 해결사례

Ⅷ. 건설공사 claim의 해결사례

1. 공 사 개 요 : 편력-이동간 도로 확포장공사 (200m)

2. claim 제기자 : 시공사

3. claim 상대자 : 서울지방국토관리청

4. claim 내용 : 설상변경에 따른 일반비 지급

5. claim 추진 현황

claim 제기 → 협의 → 결렬 → ADR중재의뢰

→ 중재심리 (1~4차) → 중재심의결과 수용

6. 효과 : 설계변경으로 4억8천3백만원 추가 지급

※ 중재원 : 대한상사 중재원

Ⅸ. 결 언

~~claim 회소화를 위해서는 설계시부터 설계감리에 타당~~

~~체계적인~~ 감독이 이루어져서 조사,

claim 최소화를 위해서는 설계서에 설계감리와

감리 지원업무 수행자의 사전조사와 검토가 체계적으로

이루어져야 한다

또한, ~~~~ 계약문서 상의 문구는 정확하게 기술되어야 한다

해석이 가능토록

부실공사 방지 메뉴얼 작성 사례

Ⅳ. 시공적 측면에서의 부실공사 방지대책

Ⅴ. 제도적 측면에서의 부실공사 방지대책

Ⅵ. 서울지방국토관리청의 자체 발주현장 부실공사 방지 manual

<건설 관리실 주관>

대 상각정 →	교 육 →	점 검 →	평가포상
(1월)	(2,3월)	(3~11월)	(12월)
├ 도로 : 42개현장	├ 품질교육 2회/년	├ 시공실태점검 (각현장1회/년)	├ 패터 1개소 건설가
└ 하천 : 20개현장	└ 점검전 교육 2회/년	└ 품질관리점검등α (각현장1/월)	└ 우수현장 표창 (5개)

우기대비 점검 사례

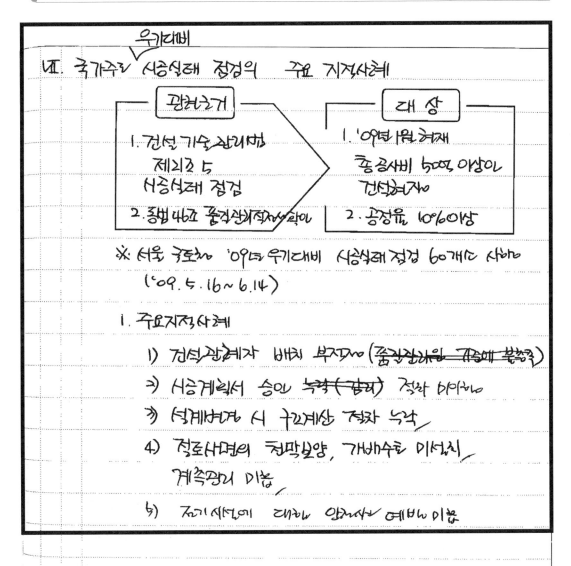

VII. 국가주관 시공실태 점검의 주요 지적사례

관련근거
1. 건설기술관리법 제21조 5 시공상태 점검
2. 공법 46조 중점관리점검사항외

대 상
1. '09년 1월 현재 총공사비 5억 이상인 건설현장
2. 공정율 10%이상

※ 서울 국토청 '09년 우기대비 시공실태 점검 60개소 사항
('09. 5. 16 ~ 6. 14)

1. 주요지적사례

1) 건설관계자 배치 부적정 (중점점검사항외 현장에 부적합)

2) 시공계획서 승인 누락(검토) 절차 미이행

3) 설계변경 시 구조계산 절차 누락

4) 절토사면의 천막보양, 가배수로 미설치, 계측관리 미흡

5) 조기 시설의 대한 암거공사 예방 미흡

VIII. 결 언 우리 현장에서

일기예보가 부정확한 문제점을 해결하기 위해

우기철 (매해 6. 15 ~ 9. 15)에는 매일 2~3回씩

조회실시하여 현장부근에서 서로 출동할수 있는 체계구축

하고 있음

LCA 분석사례

문제 1) -

-

답

I. 개요

⑨ 배상여부로 시공물의기량

II. LCA 수행 분석 사례

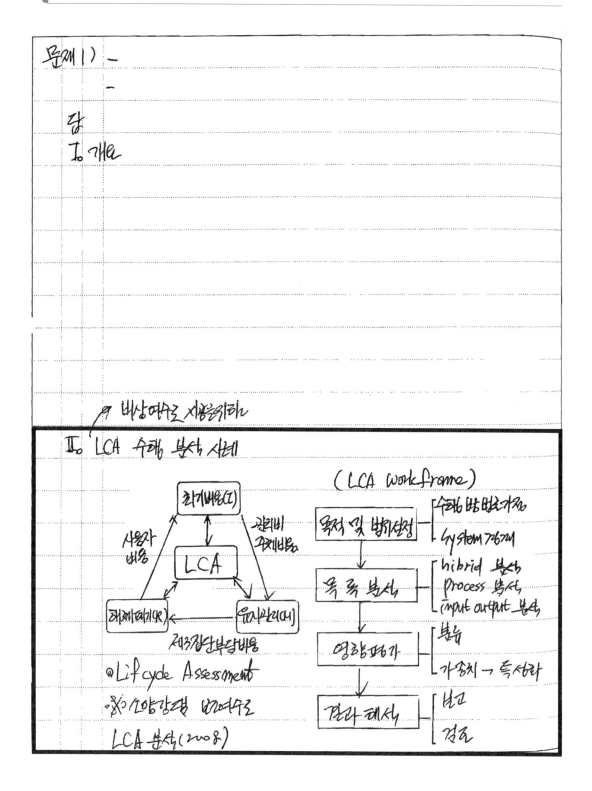

(LCA Workframe)

⑨ Lif cyde Assessment
※ 소양강댐 변경여구로
LCA 분석 (2008)

쓰레기 매립장 침출수 억제사례

I) 쓰레기 매립장의 악영향

  1. 환경적 - 쓰레기의 친환화 + 처리의 어려움

         └ 관리의 어려움

  2. 부식적 ┬ 민원인 우려사항

        ├ 환경피해

        └ 지속적 병원진하

II) 쓰레기 매립장의 침출수 억제 대책

  1. 기술적 측면

차수구조시설 (분축수 래로 / 친화자재료)

배수배관

대기저건장

수집관리

여수 배수

쓰레기 매립장

차수방지선

(차수여재양) 실시

Geotextile시공 (배수·당겨가료)

Geomembran 실시 (도막성유)

→ 누기방지 + 친화 방지

환경 친화우선도

  2. 법제도적 측면

    (1) 쓰레기 매립장 설치규정 (허가) 강화

    (2) 쓰레기장 유효시 (매립시) 주변 환경영향 평가 철저

    (3) 정보의 공개 보안대책 ⇒ [신뢰도 증신]

    (4) 환경에 대한 인식전환 ⇒ 정부, 민주체, 시공사

    (5) NGO등 시민단체 참여 유도

교량가설 안전관리 사례

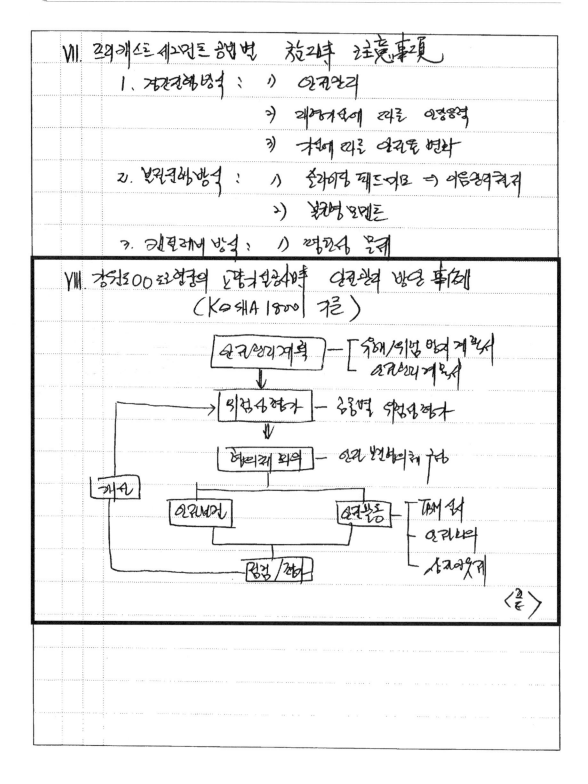

21세기 토목시공기술사
[시공사례모음집]

발행일 / 2013년 2월 25일 초판발행
　　　　 2016년 5월 31일　　2쇄
　　　　 2024년 6월 10일　1차개정
저　　자 / 신 경 수, 김 새 권
발행인 / 정 용 수
발행처 / 예문사
주　　소 / 경기도 파주시 직지길 460(출판도시) 도서출판 예문사
T E L / 031) 955-0550
F A X / 031) 955-0660
등록번호 / 11-76호

정가 : 24,000원

예문사 홈페이지 http : //www.yeamoonsa.com

ISBN 978-89-274-5475-5　13530